高等学校计算机类特色教材

程序设计基础

（C语言）

（第2版）

邹启明　主编

電子工業出版社

Publishing House of Electronics Industry

北京·BEIJING

内 容 简 介

本书重点介绍在 C 语言环境下编写程序的思路与方法，主要讲述 C 语言的数据类型、运算规则，顺序、选择、循环结构的程序设计，以及数组、函数、指针与结构体、文件等内容。本书在介绍基本概念、基本语法及常规算法的基础上，强调模块化、规范化的程序设计。本书内容少而精，结构清晰、层次分明，文字通俗易懂，讲解循序渐进，并且通过大量与 C 语言知识点紧密结合的例题，让读者更好地掌握用计算机解决问题的思维方式和程序设计方法。本书每章后均配有综合练习题，并且免费提供配套电子课件。

本书可作为高等学校计算机及相关专业教材，也可供从事计算机相关领域的科研人员自学参考。

图书在版编目（CIP）数据

程序设计基础：C 语言 / 邹启明主编. —2 版. —北京：电子工业出版社，2020.9
ISBN 978-7-121-39670-0

Ⅰ. ①程… Ⅱ. ①邹… Ⅲ. ①C 语言－程序设计－高等学校－教材 Ⅳ. ①TP312.8

中国版本图书馆 CIP 数据核字（2020）第 183407 号

责任编辑：冉　哲
印　　刷：三河市双峰印刷装订有限公司
装　　订：三河市双峰印刷装订有限公司
出版发行：电子工业出版社
　　　　　北京市海淀区万寿路 173 信箱　邮编　100036
开　　本：787×1 092　1/16　印张：13.75　字数：348.8 千字
版　　次：2017 年 1 月第 1 版
　　　　　2020 年 9 月第 2 版
印　　次：2023 年 7 月第 6 次印刷
定　　价：39.80 元

凡所购买电子工业出版社图书有缺损问题，请向购买书店调换。若书店售缺，请与本社发行部联系，联系及邮购电话：（010）88254888，88258888。

质量投诉请发邮件至 zlts@phei.com.cn，盗版侵权举报请发邮件至 dbqq@phei.com.cn。

本书咨询联系方式：ran@phei.com.cn。

前　言

　　程序设计基础是高等学校理工类专业学生的编程入门基础课程。为引导学生有效学习这门课程，本书以 C 语言作为基本工具，以程序设计的思想与方法作为核心内容，以动手编程解决实际问题能力的计算思维培养作为最终目标。通过本书的学习，不仅使学生掌握程序设计语言本身的语法与结构，更重要的是逐步培养学生用计算机解决问题的思维方式、习惯与方法。

　　本书在对概念的讲解上注重强调基本语法和基本结构在编程中的作用及其所实现的功能，而不是罗列一些具体的语法细节和特例，这样可以帮助学生从宏观上把握程序的结构。

　　本书的读者对象是没有编程基础的初学者，通过本书所能接触到的也只是一些相对简单的程序，但程序结构的设计和编程习惯的培养正是从初学时开始形成的，因此本书所涉及的概念、算法、语法及例题的讲解都强调模块化、规范化，引导读者通过适当的模仿，从基本程序的学习开始养成规范编程的习惯。

　　本书采用大量的图示说明，把复杂的概念、算法用图形的形式描述出来，使读者有一个形象、直观的认识。

　　本书共 7 章。第 1 章介绍 C 程序基本结构、算法概念和程序设计的步骤；第 2 章介绍 C 语言的基本数据类型、标准输入/输出函数、运算符与表达式及数据类型转换等；第 3 章介绍结构化程序的设计方法，以及与三种控制结构——顺序、选择和循环结构相关联的语法知识；第 4 章介绍一维数组和二维数组的定义与使用，数组名作为函数参数的应用，以及字符数组与字符串的应用；第 5 章介绍函数的定义与声明，函数的调用，函数的作用域与变量存储类别等；第 6 章介绍指针与指针变量的概念，以及指针运算、指针数组和在函数之间传递指针等，另外，对结构体、单链表的概念和各种应用操作也做了详细的说明；第 7 章介绍文件的打开、关闭、读取与写入等操作。

　　本书每章后均配有综合练习题，并且免费提供配套电子课件。

　　在编写本书的过程中，笔者参阅了大量参考书和有关资料，谨向这些作者表示衷心的感谢！

　　本书由邹启明主编，严颖敏、高洪皓、庄伟明、朱弘飞、高珏、王萍等老师参与了部分章节的编写工作，李国瀚帮助整理了部分综合练习题。陈章进、杨利明、宋兰华、马剑锋、单子鹏、佘俊、马骄阳、陶媛、王文、张军英、钟宝燕等老师对本书的内容提出了很多宝贵意见，在此一并表示衷心的感谢。

　　由于时间仓促，笔者水平有限，书中难免有错误之处，敬请读者批评指正。

编　者

目　　录

第 1 章　程序设计基础

语言，是人与人进行交流沟通的工具。人与计算机通信也需要语言。为了使计算机完成各种工作，就需要有一套用以编写计算机程序的字符和语法规则，由这些字符和语法规则组成计算机的各种指令（或各种语句）。这就是计算机所能接受的语言，称为计算机语言。

1.1　简单的 C 程序

C 语言是目前世界上广泛使用的高级语言，其结构紧凑、语言简洁，只有 32 个关键字、9种控制语句；使用方便灵活，书写形式自由；数据类型完备，运算符丰富；允许直接访问物理地址，可以对硬件进行操作；生成目标代码质量高，程序执行效率高；可用于各种型号的计算机和不同类型的操作系统。

C 语言是结构化和模块化的语言，它是面向过程的。在处理较小规模的程序时，程序设计者使用 C 语言较为得心应手；但是当面对的问题比较复杂、程序规模比较大时，程序设计者可能会感到力不从心。

1.1.1　输出"Hello,World!"

【例 1-1】　使用 C 语言编写程序输出"Hello,World!"。

```
#include <stdio.h>
int main() /*主程序部分, main 为程序入口*/
{
    printf("Hello,World!\n"); //printf()为输出函数
    return 0;
}
```

运行结果：

Hello,World!

程序说明：

① #include <stdio.h>指示编译器在对程序进行预处理时，将文件 stdio.h（stdio 指 standard input and output，标准输入/输出）中的代码包含到程序中该指令所在的地方。这样该程序在正式编译时，就可以利用包含文件中的内容了。

② 每个 C 程序都必须有并且只有一个主函数 main()，main 的名字不可被更改。一个 C程序可以包含若干个函数，总是从主函数处开始执行的。main()前面的 int 表示本函数的返回值为"整型"，也可用 void 表示没有返回值。

③ 用花括号{}括起来的是函数体，由语句组成。分号";"是语句结束符，表示该语句结束。printf()为输出函数，符号"\n"表示换行，即输出完内容之后，将光标移到下一行开头（最左边）处。

④ 符号"/*……*/"和"//"为注释语句，它可以起到注释、标识、说明、指示等作用，以增加程序的可读性。这部分内容只帮助阅读和理解程序，不参加程序的编译，对程序的功能无影响。"/*……*/"可以跨行或跨段注释，"//"只注释本行。

1.1.2　求解并输出阶乘值

【例 1-2】　使用 C 语言编写一个循环程序，输入 n 值，输出 n 的阶乘（$n!$）值。

分析： 所谓 n 的阶乘就是从 1 到 n 的累积，所以可以通过一个 for 循环语句，从 1 到 n 依次求积即可。

```c
#include <stdio.h>
int main()
{
    int i,n,fa=1;
    scanf("%d",&n);
    for(i=1;i<=n;i++)  //for循环语句，初值为1，终值为n，步长为1
        fa=fa*i;
    printf("%d\n",fa);
    return 0;
}
```

运行结果（输入 5，输出 120）：

1.1.3　使用函数实现求解并输出阶乘值

【例 1-3】　使用函数编写 C 程序，输入 n 值，输出 n 的阶乘（$n!$）值。

```c
#include <stdio.h>
int factorial(int n)//定义求n的阶乘值的函数
{
    int i,fa=1;
    for(i=1;i<=n;i++)
        fa=fa*i;
    return fa;  //返回函数值
}
int main()
{
    int n,f;
    scanf("%d",&n);
    f=factorial(n);  //调用函数
    printf("%d\n",f);
    return 0;
}
```

运行结果（输入 5，输出 120）：

一个 C 程序可由一个主函数 main() 和若干个其他函数构成，由 main() 调用其他函数，其他函数之间也可以互相调用。C 程序从 main() 处开始运行，当 main() 结束时，程序也就结束了。函数具有代码重用、提高编写效率和利于程序维护等诸多优点，读者可详细阅读第 5 章。

总结：

① C 程序是由一个或多个函数构成的，必须有并且只能有一个主函数。

② 不管有多少个函数，程序执行都是从 main() 开始的。在一个函数内，执行顺序是从上到下的。

③ 注释是从 "//" 开始的，具有增加可读性的作用。

④ 程序书写形式自由，一行内可以写多条语句，每条语句均以 ";" 结束。

⑤ C 语言区分大小写字母。

1.2 算法

算法（Algorithm）是指对解题方案的准确而完整的描述，是一系列解决问题的清晰指令。算法代表着用系统的方法描述解决问题的策略的机制。算法是计算机科学最基本的概念，了解算法及其表示与设计方法是程序设计的基础和精髓。

1.2.1 算法的概念与表示方法

1. 算法及其特性

（1）什么是算法

算法就是一组有穷的规则，它规定了解决某个特定问题的一系列运算。通俗地说，为解决问题而采用的方法和步骤就是算法。

（2）算法的特性

① 确定性（Definiteness）。算法的每个步骤必须要有确切的含义，每个操作都应当是清晰的、无二义性的。

② 有穷性（Finiteness）。一个算法应包含有限的操作步骤且在有限的时间（人们可以接受的）内能够执行完毕。

③ 有效性（Effectiveness）。算法中的每个步骤都应当能有效地执行，并得到确定的结果。

④ 有零个或多个输入（Input）。在算法执行的过程中需要从外界取得必要的信息，并以此为基础解决某个特定问题。

⑤ 有一个或多个输出（Output）。设计算法的目的就是要解决问题，算法的计算结果就是输出。没有输出的算法是没有意义的。输出与输入有着特定的关系，通常，输入不同，会产生不同的输出结果。

（3）算法的分类

根据待解决问题的形式模型和求解要求，算法分为数值运算和非数值运算两大类。

① 数值运算算法：是以数学方式表示的问题求数值解的方法。例如，代数方程计算、线性方程组求解、矩阵计算、数值积分、微分方程求解等。通常，数值运算有现成的模型，这方面的现有算法比较成熟。

② 非数值运算算法：通常为求非数值解的方法。例如，排序、查找、表格处理、文字处理、人事管理、车辆调度等。

2．算法的表示方法

设计出一个算法后，为了存档，以便将来进行算法的维护或优化，或者为了与他人交流，让他人能够看懂、理解算法，需要使用一定的方法来描述、表示算法。算法的表示方法很多，常用的有自然语言、流程图和伪代码等。我们以计算 sum=1+2+3+⋯+n 为例，使用这三种不同的表示方法来描述解决问题的过程。

（1）自然语言（Natural Language）

我们可以用人们日常生活中使用的语言，如中文、英文、法文等自然语言来描述算法。使用中文描述上述计算 sum=1+2+3+⋯n 的算法如下：

S1　确定一个 n 的值；

S2　假设等号右边的算式项中的初值 i 为 1；

S3　假设 sum 的初值为 0；

S4　如果 $i \leqslant n$，则顺序执行 S5，否则转去执行 S8；

S5　计算 sum 加 i，然后将值重新赋值给 sum；

S6　计算 i 加 1，然后将值重新赋值给 i；

S7　转去执行 S4；

S8　输出 sum 的值，算法结束。

使用自然语言描述算法的优点是通俗易懂，没有学过算法相关知识的人也能够看懂算法的执行过程。但是，自然语言本身所固有的不严密性使得这种描述方法存在以下缺陷：

① 文字冗长，容易产生歧义；

② 难以描述算法中的分支和循环等结构，不够方便、直观。

（2）流程图（Flow Chart）

流程图是最常见的算法图形化表达方法，有传统流程图和 N-S 流程图两种形式。传统流程图使用美国国家标准化学会（American National Standards Institute，ANSI）规定的一些图框、线条来形象、直观地描述算法处理过程。常见的流程图符号如表 1-1 所示。

表 1-1　常见的流程图符号

符　　号	名　　称	作　　用
⬭	开始符、结束符	表示算法的开始和结束符号
▱	输入框、输出框	在算法过程中，表示从外部获取的信息（输入），然后将处理过的信息输出
▭	处理框	在算法过程中，表示需要处理的内容，只有一个入口和一个出口
◇	判断框	表示算法过程中的分支结构，对于菱形框的 4 个顶点，通常用上面的顶点表示入口，根据需要用其余的顶点表示出口
→	流程线	表示算法过程中流程的方向

使用流程图描述计算 sum=1+2+3+⋯n 的算法如图 1-1 所示。

在使用过程中，人们发现流程线并不一定是必需的。随着结构化程序设计方法的出现，1973 年，美国学者 I. Nassi 和 B. Shneiderman 提出了一种新的流程图形式。这种流程图完全去掉了流程线，算法的每步都用一个矩形框来描述，把一个个矩形框按执行的顺序连接起来，就是一个完整的算法描述。这种流程图用两位学者姓氏的第一个字母来命名，称为 N-S 流程图。

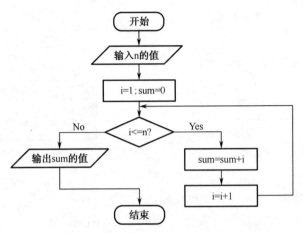

图 1-1　计算 sum=1+2+3+⋯+n 的流程图

为了提高算法的质量，便于阅读理解，应限制流程的随意转向。为了达到这个目的，人们规定了三种基本结构，由这些基本结构按一定规律组成一个算法结构。

① 顺序结构：这是最简单的一种基本结构，各操作是按先后顺序执行的，如图 1-2 所示，图中操作 A 和操作 B 按照出现的先后顺序依次执行。

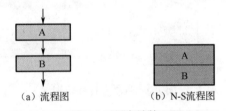

（a）流程图　　　　　　　（b）N-S流程图

图 1-2　顺序结构

② 选择结构：又称分支结构，根据是否满足给定条件从两个操作中选择执行一个操作，某部分的操作可以为空操作。如图 1-3 所示，如果条件 P 成立则执行操作 A，否则执行操作 B。

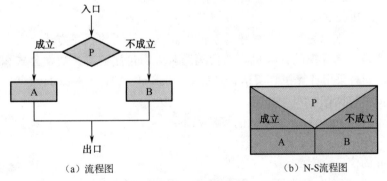

（a）流程图　　　　　　　　　　（b）N-S流程图

图 1-3　选择结构

③ 循环结构：又称重复结构，即在一定条件下，反复执行某部分的操作。循环结构又分为当型和直到型两种类型。

当型循环结构如图 1-4 所示，当条件 P 成立时，执行操作 A。执行完操作 A 后，再判断条件 P 是否成立，如果条件 P 成立，则再次执行操作 A。如此反复，直至条件 P 不成立才结束循环。

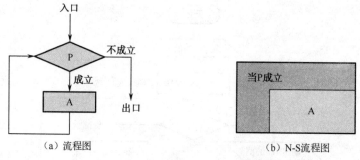

（a）流程图　　　　　　　（b）N-S流程图

图 1-4　当型循环结构

直到型循环结构如图 1-5 所示，先执行操作 A，再判断条件 P 是否成立，如果条件 P 不成立，则再次执行操作 A，如此反复，直至条件 P 成立才结束循环。

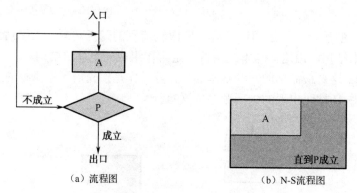

（a）流程图　　　　　　　（b）N-S流程图

图 1-5　直到型循环结构

以上三种基本结构具有以下特点：

① 只有一个入口和一个出口；

② 结构内的每一部分都有机会被执行到；

③ 结构内不存在"死循环"（无终止的循环）。

（3）伪代码（Pseudocode）

伪代码是一种用来书写程序或描述算法的非正式、透明的表述方法。它并非是一种编程语言，其针对的是一台虚拟的计算机。伪代码通常采用自然语言、数学公式和符号来描述算法的操作步骤，同时采用计算机高级语言（如 C、Pascal、VB、C++、Java 等）的控制结构来描述算法操作步骤的执行。

使用伪代码描述 sum=1+2+3+⋯n 的算法如下：

S1　算法开始；

S2　输入 n 的值；

S3　i← 1;　　　　　//为变量 i 赋初值

S4　sum ← 0;　　　//为变量 sum 赋初值

S5　do while i<=n　//当变量 i <=n 时，执行下面的循环体语句

S6　{ sum ← sum + i;

S7　i ← i + 1; }

S8　输出 sum 的值；

S9　算法结束。

1.2.2　算法设计的基本方法

算法设计的任务是对各类问题设计出良好的算法及研究设计算法的规律和方法。针对一个给定的实际问题，要找出确实行之有效的算法，就需要掌握设计的策略和基本方法。

1. 穷举法（Exhaustive Algorithm）

穷举法也称为枚举法、蛮力法，是一种简单的、直接解决问题的方法。使用穷举法解决问题的基本思路是：依次穷举问题所有可能的解，按照问题给定的约束条件进行筛选，如果满足约束条件，则得到一组解，否则不是问题的解。将这个过程不断地进行下去，最终得到问题的所有解。

要使用穷举法解决实际问题，应当满足以下两个条件：

① 能够预先确定解的范围并能以合适的方法列举；

② 能够对问题的约束条件进行精确描述。

穷举法的优点是：比较直观，易于理解，算法的正确性比较容易证明；缺点是：需要列举许多种状态，效率比较低。

【例 1-4】 百钱买百鸡问题。我国古代数学家张丘建在《算经》中出了一道题："鸡翁一，值钱五；鸡母一，值钱三；鸡雏三，值钱一。百钱买百鸡，问鸡翁、母、雏各几何？"意思是：某个人有 100 钱，打算买 100 只鸡。公鸡 5 钱一只，母鸡 3 钱一只，小鸡 1 钱 3 只。请编写一个算法，算出如何能刚好用 100 钱买 100 只鸡？

此题可用穷举法来解，以三种鸡的个数为穷举对象（分别设为 x, y, z），以三种鸡的总数和买鸡用去的钱的总数为判定条件，穷举各种鸡的个数。按题意列出方程组如下：

$$\begin{cases} x+y+z=100 & (1) \\ 5x+3y+z/3=100 & (2) \end{cases}$$

上述方程组有三个未知数、两个方程式，所以 x, y, z 有多组解。我们可以用"穷举法"把 x, y, z 可能满足要求的组合列举出来，并判断是否符合要求，最后输出符合要求的组合。

假定 x, y 的值已知，那么由方程（1）可求得 z 值，而 x, y 可能的取值都在 0～100 之间，所以可以用二重循环来组合它们，每个 x, y 的组合都得到一个相应的 z 值，即 $z=100-x-y$。若 x, y, z 满足方程（2），则输出 x, y, z，否则不输出。

该算法的流程如图 1-6 所示。

2. 递推法（Recurrence）

递推法是一种重要的算法设计思想。一般从已知的初始条件出发，依据某种递推关系，逐步推出所要求的各中间结果及最后结果。其中，初始条件可能由问题本身给定，也可能通过对问题的分析与化简后确定。在实际应用中，题目很少会直接给出递推关系式，而是需要通过分析各种状态，找出递推关系式，这也是应用递推法解决问题的难点所在。递推法可分为顺推法和逆推法两种。

（1）顺推法。从已知条件出发，逐步推出要解决问题的方法。例如，Fibonacci（斐波那契）数列就可以通过顺推法不断推出新的数据。

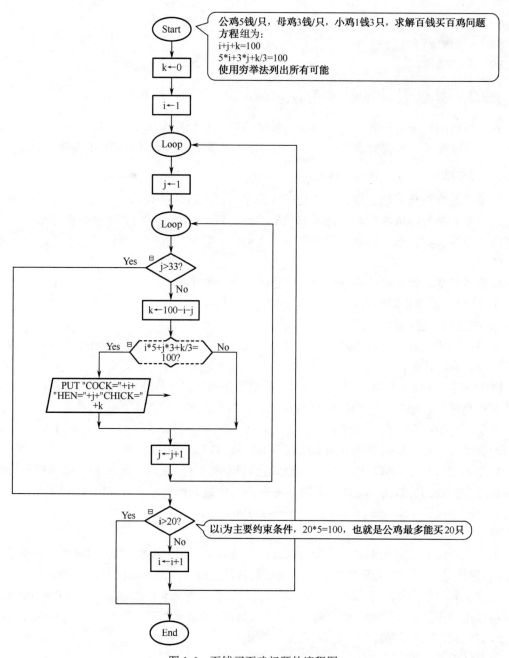

图 1-6　百钱买百鸡问题的流程图

（2）逆推法。也称为倒推法，是顺推法的逆过程，该方法从已知的结果出发，用迭代表达式逐步推出问题开始的条件。

【例 1-5】 使用顺推法解决 Fibonacci 数列问题。

Fibonacci 数列指的是这样一个数列：1, 1, 2, 3, 5, 8, 13, 21, 34, 55, 89, 144…这个数列从第 3 项开始，每项都等于前两项之和。使用数学公式表示如下：

$$\begin{cases} f_1 = 1 & (n=1) \\ f_2 = 1 & (n=2) \\ f_n = f_{n-1} + f_{n-2} & (n \geqslant 3) \end{cases}$$

从以上的分析可知，Fibonacci 数列可使用递推法来计算求得，图 1-7 就是使用顺推法求解 Fibonacci 数列前 12 项的流程图。

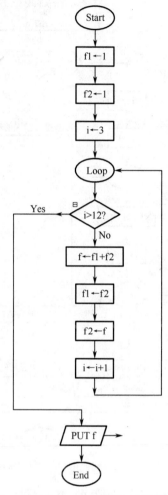

图 1-7　求解 Fibonacci 数列前 12 项的流程图

【例 1-6】　使用逆推法解决猴子吃桃问题。猴子第一天摘下若干个桃子，当即吃了一半，还不过瘾，又多吃了一个。第二天早上将剩下的桃子吃掉一半，又多吃了一个。以后每天早上都吃掉前一天剩下的一半再加一个。到第 10 天早上想再吃时，只剩一个桃子了。问第一天共摘了多少桃子？

分析后可知，猴子吃桃问题的递推关系式为：

$$S_n = \begin{cases} 1 & (n = 10) \\ 2(S_{n+1} + 1) & (1 \leqslant n < 10) \end{cases}$$

在此基础上，以第 10 天的桃数作为基数，用以上归纳出来的递推关系式设计一个循环过程，将第 1 天的桃数推算出来。猴子吃桃问题的逆推法流程图如图 1-8 所示。

3. 排序（Sort）

将杂乱无章的数据元素通过一定的方法按关键字顺序排列的过程称为排序。基本的排序算法有 5 类。

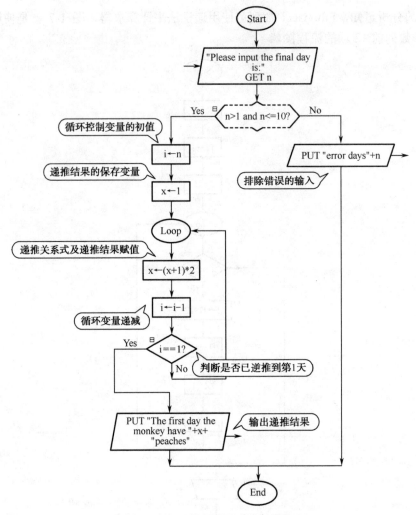

图 1-8　猴子吃桃问题的逆推法流程图

① 交换排序（Exchange Sort），如冒泡排序、快速排序等。

② 插入排序（Insertion Sort），如直接插入排序、二分插入排序等。

③ 选择排序（Selection Sort），如选择排序、堆排序等。

④ 归并排序（Merge Sort），如归并排序、多相归并排序等。

⑤ 分布排序（Distribution Sort），如桶排序、基数排序等。

【例 1-7】　使用冒泡排序算法将 n 个数从小到大排序。

已知一组无序数据 a[1], a[2], …, a[n]，需要将其按升序排列。首先比较 a[1] 与 a[2]，若 a[1] 大于 a[2]，则交换两者的值，否则不变。再比较 a[2] 与 a[3]，若 a[2] 大于 a[3]，则交换两者的值，否则不变。再比较 a[3] 与 a[4]，其余类推，最后比较 a[n-1] 与 a[n]。这样处理一轮后，a[n] 一定是这组数据中最大的。再对 a[1]～a[n-1] 以相同方法处理一轮，则 a[n-1] 一定是 a[1]～a[n-1] 中最大的。再对 a[1]～a[n-2] 以相同方法处理一轮，其余类推。共处理 n-1 轮后，a[1], a[2], …, a[n] 就以升序排列了。降序排列与升序排列的方法相类似，若 a[1] 小于 a[2]，则交换两者的值，否则不变，其余类推。总的来讲，每轮排序后最大（或最小）的数将移动到数据序列的最后，理论上总共要进行 n(n-1)/2 次交换。

优点：稳定。缺点：慢，每次只能移动相邻两个数据。

冒泡排序算法流程图如图 1-9 所示。

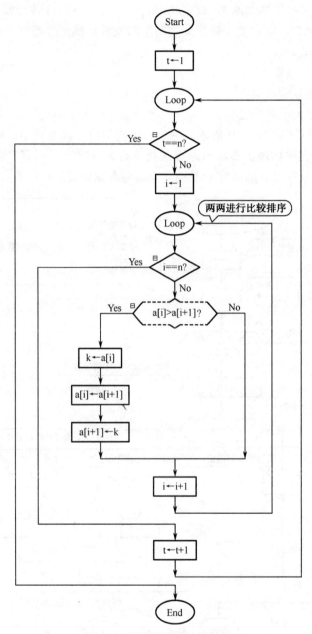

图 1-9　冒泡排序算法流程图

4．查找（Search）

在一些（有序的/无序的）数据元素中，通过一定的方法找出与给定关键字相同的数据元素的过程称为查找。基本的查找算法有以下 4 类：

① 顺序查找（Sequential Search）；

② 比较查找（Comparison Search），也称二分查找（Binary Search）；

③ 基数查找（Radix Search），也称分块查找；

④ 哈希查找（Hash Search）。

二分查找算法也称为折半查找算法，它充分利用了元素间的次序关系，采用分治思想，将 n 个元素分成个数大致相同的两半，取 a[n/2]与欲查找的 x 进行比较，如果 x=a[n/2]则找到 x，算法终止；如果 x>a[n/2]，则需要在数组 a 的左半部或右半部继续搜索，直至找到 x 为止，或得出关键字不存在的结论。

所以，二分查找算法要求：

① 必须采用顺序存储结构；

② 必须按关键字大小有序排列。

二分查找算法流程图如图 1-10 所示，每执行一次都可以将查找空间减小一半，这是计算机科学中分治思想的完美体现。其缺点是要求待查表为有序表，而有序表的特点则是插入和删除困难。因此，二分查找算法适用于不经常变动而查找频繁的有序表。

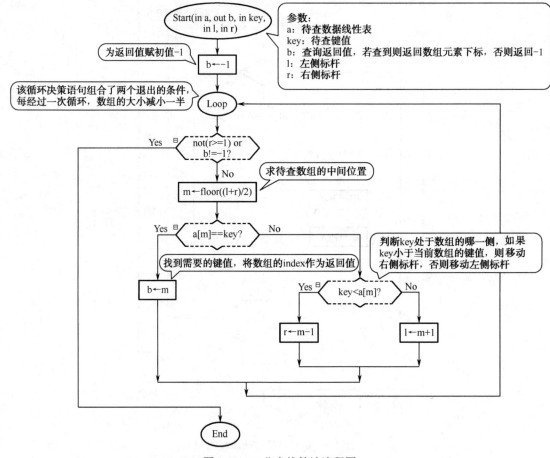

图 1-10　二分查找算法流程图

5. 简单数论问题（Simple Number Theory）

数论的本质是对素数性质的研究，例如，哥德巴赫猜想是数论中存在最久的问题之一，哥德巴赫猜想可以陈述为："任意一个大于 2 的偶数，都可表示成两个素数之和"。

【例 1-8】　试设计一个算法，求解 100 以内符合哥德巴赫猜想的偶数。

为了验证哥德巴赫猜想对 100 以内的正偶数都是成立的，要将正偶数分解为两部分，然后判断分解出的两个正偶数是否均为素数。若是，则满足题意；否则重新进行分解和判断。

图 1-11 显示了该算法的测素子程序流程图，这是数论类算法的核心部分。

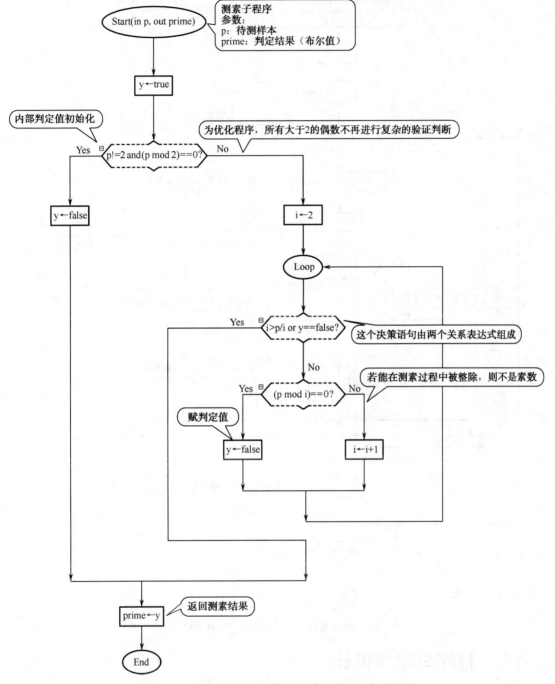

图 1-11　验证哥德巴赫猜想算法的测素子程序流程图

图 1-12 是验证某个偶数是否符合哥德巴赫猜想的算法的 main() 流程图，主要包括用户交互部分，以及调用测素子程序判断两个数是否同为素数并输出计算结果部分。

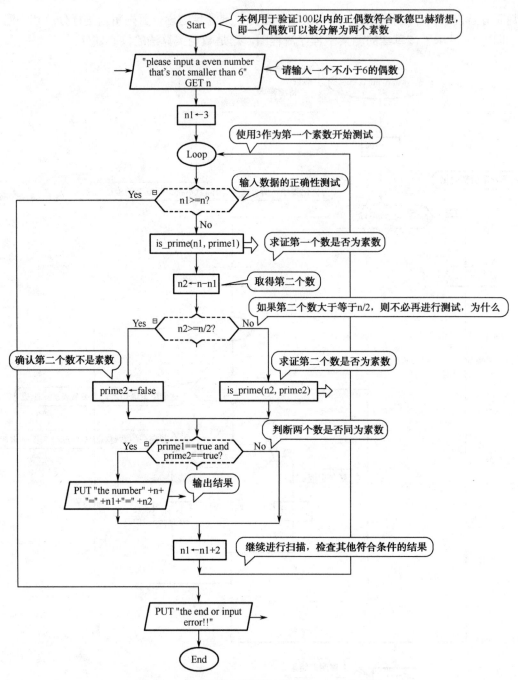

图 1-12　验证哥德巴赫猜想算法的 main()流程图

1.3　程序与程序设计

一个程序是完成某一特定任务的一组指令序列，或者说，为实现某一算法的一组指令序列称为一个程序。

程序设计是指使用某种计算机语言，按照某种算法编写程序的活动。程序设计往往以某种程序设计语言为工具，给出基于这种语言的指令序列。程序设计过程包括分析、设计、编码、测试、排错等不同阶段。

1.3.1　程序与程序设计语言

在《计算机软件保护条例》中将程序定义为：为了得到某种结果而可以由计算机等具有信息处理能力的装置执行的代码化指令序列，或者可被自动转换成代码化指令序列的符号化指令序列或者符号化语句序列。通俗地说，程序就是用计算机能够理解的"语言"编写的"工作流程"，以便让计算机完成特定任务。

程序设计语言，通常称为编程语言，是指一组用来定义计算机程序的语法规则。简单地说，就是算法的一种描述。这种标准化的语言可以向计算机发出指令。依靠程序设计语言，人们把解决某个或者某类问题的算法，也可以说是步骤，告诉计算机，从而让计算机帮助人们解决人脑难以解决的问题。如果说计算机的硬件是身体，那么程序就是计算机的灵魂，而程序设计语言就是组成灵魂的各种概念和思想。人们能够根据自己的需求来安装不同程序，使计算机完成所需的功能，程序设计语言可以说是功不可没的。

程序设计语言的基础是一组记号和一组规则。程序设计语言一般都由三部分组成：语法、语义和语用。

语法就是在编写程序时所需要遵守的一些规则，也就是各个记号之间的组合规律。语法没有什么特殊含义，也不涉及使用者，但它是编译器能够识别并编译程序的基础。

语义表示的就是程序的含义，也就是按照各种方法所表示的各个记号的特殊含义。程序设计语言的语义又包括静态语义和动态语义。静态语义是在编写程序时就可以确定的含义，而动态语义则是必须在程序运行时才可以确定的含义。语义不清，计算机就无法知道所要解决问题的步骤，也就无法执行程序。

语用表示的是构成程序设计语言的各个记号和使用者的关系，涉及符号的来源、使用和影响。语用的实现涉及语境问题。语境是指理解和设计程序设计语言的环境，包括编译环境和运行环境。

从程序设计语言发展的历程看，程序设计语言大致分为机器语言、汇编语言和高级语言。

1．机器语言（Machine Language）

机器语言是由二进制数的 0 和 1 代码指令构成的，不同的 CPU 又有不同的指令系统。尽管机器语言可以直接被计算机所识别，但因为人们习惯于十进制数，所以用机器语言编写程序异常困难，并且这种程序难以修改，难以维护。因此，这种语言并不利于推广。

2．汇编语言（Assembly Language）

汇编语言也是面向机器的程序设计语言，具有很强的功能性，可以利用计算机硬件的所有特性，并能直接控制硬件。汇编语言是机器语言的指令化，使用助记符表示指令。虽然汇编语言也和机器语言一样，存在难学难用、容易出错、维护困难等缺点，但相对于机器语言，汇编语言更易于读/写、调试和修改，汇编程序翻译成的机器语言程序的效率更高。在实际应用中，某些高级语言无法胜任的工作，也可以利用汇编语言来实现。汇编语言虽然还是一种面向机器的低级语言，但更能发挥出硬件的特性。

3．高级语言（High-level Language）

高级语言种类繁多，如目前流行的 C/C++、Java、C#、VB.NET 和 Python 等语言，这些语言的语法、命令格式都各不相同。高级语言是相对于机器语言、汇编语言等低级语言来说的。虽然高级语言种类多，每种语言都有各自的语法与命令格式，但高级语言最大的优点是在形式上接近自然语言和算术语言，在概念上接近人们使用的概念。这样的特点使得用高级语言很容易进行编程、修改和维护，通用性强，易于学习。因此，高级语言是一种面向用户的语言，即使不是程序员，也可以使用它编写程序。高级语言并不能为计算机所识别，需要编译器的帮助。编译器既是编写程序的工具，也充当人和计算机交流的"翻译"。它可以将人们用高级语言所编写的程序转化为计算机所能识别的语言。和汇编语言相比，高级语言并不能直接控制硬件。所以，尽管高级语言好用，但它现在并不能完全取代汇编语言。

程序设计语言比较见表 1-2。

表 1-2　程序设计语言比较

程序设计语言	机器语言	汇编语言	高级语言
定义	二进制代码	反映指令功能的助记符	独立于机器的算法语言（表达式）
硬件识别	可识别（唯一）	不可识别	不可识别
可否直接执行	可直接执行	不可直接执行，需要汇编、链接	不可直接执行，需要编译/解释、链接
特点	面向机器 占用内存少 执行速度快 使用不方便	面向机器 占用内存少 执行速度快 较为直观 与机器语言一一对应	面向问题/对象 占用内存大 执行速度相对慢 标准化程度高 便于程序交换 使用方便
定位	低级语言，极少使用	低级语言，很少使用	高级语言，种类多，常用

未来程序设计语言将更加简洁，人们不需要描述具体的算法，只需要告诉计算机做什么就可以了，计算机则根据人们的要求自动生成一个算法。在某种意义上，这样的计算机已经具备了智能。每个人都可以根据自己的需要来设计出最适合的程序，社会发展也必将成为一个智能化的社会。

1.3.2　程序设计语言处理过程

计算机只能直接识别和执行用机器语言编制的程序，为使计算机能识别用汇编语言和高级语言编制的程序，要有一套预先编制好的具有翻译作用的翻译程序，把它们翻译成机器语言程序，这个翻译程序称为语言处理程序。被翻译的原始程序（用汇编语言或高级语言编制而成）称为源程序，翻译后生成的程序称为目标程序。按照不同的翻译处理方法，语言处理程序有三类：汇编程序、解释程序和编译程序。

（1）汇编程序（Assembler）：从汇编语言到机器语言的翻译程序。

汇编语言处理过程包括汇编、链接和执行三个阶段，如图 1-13 所示。

汇编语言源程序被汇编程序翻译成目标程序；目标程序不能直接执行，还需要把目标程序与库文件或其他目标程序通过链接程序形成可执行程序；操作系统将链接生成的可执行程序装入内存后开始执行，在这期间可以输入要处理的数据，执行后得到计算结果。

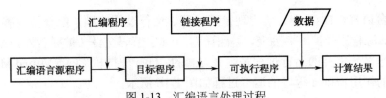

图 1-13　汇编语言处理过程

（2）解释程序（Interpreter）：按高级语言源程序中指令（或语句）的执行顺序，逐条翻译并立即执行相应功能的处理程序。

解释程序对高级语言源程序从头到尾逐句进行扫描、分析；若解释时没有发现错误，则将该语句翻译成一个或多个机器语言指令，然后立即执行这些指令；若发现错误，将会立即停止翻译，报错并提醒用户更正代码。解释程序不生成目标程序和可执行程序。高级语言解释处理过程如图 1-14 所示。

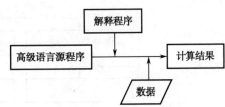

图 1-14　高级语言解释处理过程

（3）编译程序（Compiler）：从高级语言到机器语言或汇编语言的翻译程序。

编译方式的高级语言处理过程与汇编语言处理过程基本相同，如图 1-15 所示。

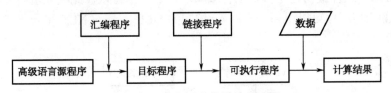

图 1-15　高级语言编译处理过程

在处理高级语言源程序时，有些使用解释方式，称为解释型语言，如 BASIC 和 Python 语言等；而另外一些则使用编译方式，称为编译型语言，如 C 和 C++语言等。两种翻译方式比较见表 1-3。

表 1-3　解释方式与编译方式的比较

比 较 项 目	解 释 方 式	编 译 方 式
类比	口译	笔译
执行方式	译出一句执行一句，即边解释边执行	全部译完再执行
是否生成目标程序	否	是
是否生成可执行程序	否	是
优点	实现算法简单；易于在解释过程中灵活方便地插入所需要的修改和调试措施	通过编译程序的处理可以一次性地产生可高效运行的目标程序，并把它保存在磁盘中，以用于多次执行，效率高，速度快
缺点	运行效率低，速度慢	实现算法较为复杂，修改源程序后必须重新编译
应用	通常适合使用交互方式工作的，或在调试状态下运行的，或运行时间与解释时间相差不大的语言	一般高级语言（C/C++、Pascal、FORTRAN 等）采用编译方式，适合翻译规模大、结构复杂、运行时间长的大型应用程序

随着跨平台语言（如 Java）的出现，其处理、运行过程兼顾了解释型与编译型语言的特点。例如，Java 源程序（扩展名为.java）翻译为 Java 字节码文件（扩展名为.class），采用编译方式；而 Java 字节码文件的运行过程是解释方式的，Java 虚拟机（Java Virtual Machine，JVM）充当了解释器的作用。Java 程序的运行过程如图 1-16 所示。

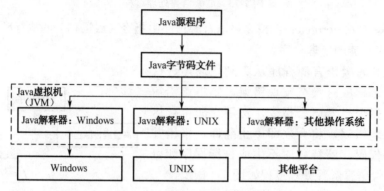

图 1-16　Java 程序的运行过程

实现跨语言的兼容.NET 平台的编程语言主要有 VB.NET、C#、JavaScript、J#和 Managed C++等，无论.NET 组件最初是用哪种语言编写的，它们都可以彼此相互引用。例如，一个用 VB.NET 编写的应用程序可以引用一个用 C#编写的 DLL 文件。.NET 平台下代码的执行流程如图 1-17 所示。

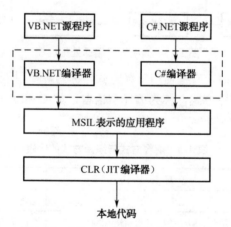

图 1-17　.NET 平台下代码的执行流程

.NET 平台下的应用程序，包括各种高级语言编写的.NET 源程序，通过各自的编译器进行编译，形成 MSIL（Microsoft Intermediate Language，微软中间语言）表示的应用程序。其执行过程就是 CLR（Common Language Runtime，公共语言运行库，也称为通用语言运行时）解释执行 MSIL 指令的过程。这个过程由 JIT（Just-In-Time，即时编译）编译器完成，它负责将 MSIL 指令动态编译成本地 CPU 可执行的代码（Native Code），然后直接执行该本地代码。

1.3.3　程序设计步骤

学习计算机语言的目的是利用该语言工具设计出可供计算机执行的程序。完整的程序应该是：

数据结构+算法+程序设计方法+语言工具和环境

　　一个程序应包括两方面的内容：① 对数据的描述——数据结构（Data Structure），简单说就是如何存储问题中的数据；② 对操作的描述——算法（Algorithm），算法是解决一个问题所采取的具体步骤和方法。也就是说，给定初始状态或输入数据，经过计算机程序的有限次运算，能够得出所要求或期望的终止状态，并输出结果。在拿到一个需要解决的实际问题之后，怎样才能编写出程序呢？程序设计基本步骤如图 1-18 所示。

图 1-18　程序设计基本步骤

　　（1）分析问题。首先，仔细分析问题的每个细节，清晰地获得问题的概念；其次，确定问题的输入、输出。在这一阶段中，应该列出问题涉及的变量及其相互关系，这些关系可以用公式的形式来表达。另外，还应该确定计算结果显示的格式。

　　（2）设计算法。在一开始的时候，不要试图解决问题的每个细节，而应该使用"自顶向下、逐步细化"的设计方法。在这种设计方法中，首先要将一个复杂的问题分解为若干个规模较小的子问题，然后通过"逐步细化"的方法逐一解决每个子问题，最终解决整个复杂的问题。在算法设计完成后，要使用某种算法的表示方法来描述算法，以便存档、交流和维护之用。

　　（3）编写程序。算法设计完成后，需要采取一种程序设计语言编写程序以实现所设计算法的功能，从而达到使用计算机解决实际问题的目的。

　　（4）编译调试并运行程序。编译并测试所完成的程序能否按照预期的方式工作。

　　（5）维护。程序的维护就是通过修改程序来消除发现的错误，使程序与用户需求的变更保持一致。

　　【例 1-9】　编写程序，输入圆的半径，求解并输出圆的面积。

　　（1）分析问题。

　　问题输入：radius 为圆的半径，用 scanf()输入。

　　问题输出：area 为圆的面积，用 printf()输出，输出时要有文字说明，保留两位小数。

　　相关公式：area=πr^2；π=3.1415926。

　　（2）设计算法。

　　S1　读取圆的半径。

　　S2　计算圆的面积。

　　S3　显示圆的面积。

　　（3）编写程序。

```c
#include <stdio.h>
#define PI 3.1415926
int main()
{
    double radius,area;            //定义圆的半径、圆的面积
    printf("请输入圆的半径:");
    scanf("%lf",&radius);          //输入半径
```

```
    area=PI*radius*radius;
    printf("圆的面积为：%.2lf\n",area);//输出面积
    return 0;
}
```

（4）编译调试并运行程序。在编译、链接没有错误的基础上运行程序，输入测试数据，看是否能得到预期的结果。

当输入 radius 为 10 时，程序运行结果为：

请输入圆的半径:10
圆的面积为: 314.16

1.3.4 程序设计方法

当前使用程序设计语言来解决问题的方法主要有两种：结构化程序设计与面向对象程序设计。

1. 结构化程序设计（Structured Programming，SP）

结构化程序设计的概念最早由荷兰科学家 E. W. Dijkstra 提出，其根本思想是"分而治之"，即以模块化设计为中心，将待开发的软件系统划分为若干个独立的模块，这样使完成每个模块的程序设计工作变得简单而明确，为设计一些较大规模的软件打下良好的基础。

结构化设计方法的设计思路清晰，符合人们处理问题的习惯，易学易用，模块层次分明，便于分工开发和调试，程序可读性强。结构化程序设计方法的主要原则如下。

（1）自顶向下。设计程序时，应先考虑总体，后考虑细节；先考虑全局目标，后考虑局部目标。不要一开始就追求过多的细节，先从最上层总目标开始设计，逐步使问题具体化。

（2）逐步求精。在编写一个程序时，首先考虑程序的整体结构而忽视一些细节问题，然后逐步地、一层一层地细化程序，直至用所选的语言完全描述出每个细节，即得到所期望的程序。

（3）模块化设计。通常，一个复杂问题是由若干较简单的问题构成的。要解决该复杂问题，可以把整个程序按照功能分解为不同的功能模块，也就是把程序要解决的总体目标分解为多个子目标，子目标再进一步分解为具体的小目标，把每个小目标称为一个模块。通过模块化设计，降低了程序设计的复杂度，使程序设计、调试和维护等操作简单化。如图 1-19 所示的结构就是一个模块化设计的例子。

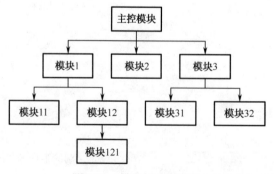

图 1-19 模块划分示意图

（4）结构化编码。任何程序都可由顺序结构、选择结构和循环结构三种基本结构组成。

2．面向对象程序设计（Object Oriented Programming，OOP）

虽然结构化程序设计（又称为面向过程的程序设计）方法具有很多的优点，但还是存在程序可重用性差、不适合开发大型软件的缺点。为了克服以上缺点，面向对象的程序设计方法应运而生。相对于结构化程序设计以函数作为基本单元，面向对象程序设计以封装了操作与数据对象的类作为程序构成的基本单元，能够提高软件的重用性、灵活性和扩展性。

面向对象程序设计将数据及对数据的操作方法放在一起，作为一个相互依存、不可分离的整体——对象。对同类型对象抽象出其共性，形成"类"。类通过一个简单的外部接口与外界发生关系，对象与对象之间通过发送消息进行通信。

使用面向对象程序设计并不是要摒弃结构化程序设计，这两种方法各有用途、互为补充。面向对象程序设计的基本概念有类、对象、方法、封装、继承、多态等。

（1）类（Class）。类是具有相同属性和操作方法，并遵守相同规则的对象的集合。它为属于该类的全部对象提供了抽象的描述。一个对象是类的一个实例。

（2）对象（Object）。对象是系统中用来描述客观事物的一个实体，是构成系统的一个基本单位。对象由一组属性和一组行为或操作构成。

（3）方法（Method）是一个类所具有的行为。

（4）封装（Encapsulation）。封装就是把对象的属性和操作方法结合成一个独立的系统单位，并尽可能隐藏对象的内部细节。例如，在图 1-20 中，有一个名为 Person 的类，它是将人具有的相同属性（name、age）和操作方法（display）封装在一起，在类外不能直接访问 name 和 age 属性（隐藏了内部的细节），只能通过公共操作方法 display 访问这两个属性。

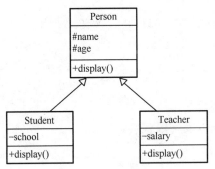

图 1-20　封装、继承、多态示例

封装的另一个特性是限制对行为或属性的访问。访问权限分为以下三种：

● 公有（Public）成员，所有对象都可以访问；
● 私有（Private）成员，只有对象内部成员可以访问；
● 保护（Protected）成员，只有对象的内部成员及子类成员可以访问。

（5）继承（Inheritance）。继承是面向对象程序设计能够提高软件开发效率的重要原因之一。在面向对象程序设计中，允许从一个类（父类）生成另一个类（子类或派生类）。派生类不仅继承了其父类的属性和操作方法，而且增加了新的属性和新的操作方法，避免了代码的重复开发，减少了数据冗余度，增强了数据的一致性。例如，在图 1-20 中，Student 类和 Teacher 类继承了 Person 类，它们都继承了父类 Person 的属性 name 和 age，并分别增加了 school 和 salary 属性。

（6）多态（Polymorphism）。多态是指在父类中定义的行为被子类继承后，可以表现出不同的行为。例如，同为 display 方法，Student 类中将输出学生的 name、age 和 school 信息；Teacher 类中将输出教师的 name、age 和 salary 信息。

1.3.5 程序设计规范

程序设计规范是在编写程序过程中积累的经验和教训的提炼，很容易被忽视，尤其是初学者。程序设计特别强调对规范的要求，因为程序设计是否规范将影响程序的可读性。

1. 基本要求

（1）程序结构清晰，简单易懂，单个函数的程序行数不得超过 100 行。

（2）打算干什么，要简单，直截了当，代码要精简，避免垃圾代码。

（3）尽量使用标准库函数和公共函数。

（4）不要随意定义全局变量，尽量使用局部变量。

（5）使用括号以避免二义性。

2. 可读性要求

（1）可读性第一，效率第二。

（2）保持注释与代码完全一致。

（3）每个源程序都要有文件头说明。

（4）每个函数都要有函数首部说明。

（5）定义或引用主要变量（结构、联合、类或对象）时，注释能反映其含义。

（6）常量定义要有相应说明。

（7）处理过程中的每个阶段都要有相关注释说明。

（8）在典型算法前都要有注释。

（9）利用缩进格式来显示程序的逻辑结构。

（10）注释的作用范围可以为：定义、引用、条件分支以及一段代码。

3. 结构化要求

（1）禁止出现两条等价的支路。

（2）用 if 语句来强调只执行两组语句中的一组。

（3）用 case 语句实现多路分支。

（4）避免从循环引出多个出口。

（5）函数只有一个出口。

（6）不使用条件赋值语句。

（7）避免不必要的分支。

（8）不要轻易用条件分支去替换逻辑表达式。

4. 正确性与容错性要求

（1）由于无法证明程序中没有错误，因此在编写完一段程序后，应先回头检查一遍。

（2）改正一个错误时可能产生新的错误，因此在修改前要先考虑对其他程序的影响。

（3）所有变量在调用前必须被初始化。

（4）对所有的用户输入必须进行合法性检查。

（5）不要比较浮点数的相等，如 10.0 * 0.1 == 1.0，这样做是不可靠的。

（6）程序与环境或状态有关时，必须主动处理可能发生的意外事件，如文件能否逻辑锁定、打印机是否联机等。

（7）单元测试也是编程的一部分，提交联调测试的程序必须通过单元测试。

5．可重用性要求

（1）重复使用的完成相对独立功能的算法或代码应抽象为公共控件或类。

（2）公共控件或类应考虑 OO 思想，减少外界联系，考虑独立性或封装性。

（3）公共控件或类应建立使用模板。

总之，一个良好的程序设计风格应当注重和考虑下述因素。

（1）标识符：按意命名，使用统一的缩写规则。

（2）表达式：使用括号，使用库函数，条件化简，使用函数与过程。

（3）模块化：模块的独立性（高内聚、低耦合），模块的规模适中。

（4）代码行的排列格式：排列格式美观，层次分明，使用统一的缩进格式，同一嵌套深度并列的语句对齐。

（5）注释：添加必要的注释，以说明程序、过程和语句等的功能及注意事项。

1.4　小结

1）首先结合示例介绍了程序的基本结构，一个 C 程序是由各类函数构成的，其中主函数 main()是程序执行的入口。

2）算法是程序设计的灵魂，一切问题解决的过程都是有效数据组织的过程，即寻找、设计和实现算法的过程。

3）最后介绍了程序设计的步骤、方法和规范化。一个优秀的程序员编写出的代码应该清晰、易懂且易于维护；如果代码后期会因为改动而变得凌乱不堪就得重构；尽量删除冗余的代码，并添加注释。

综合练习题

1．在个人计算机上下载 Code::Blocks 集成开发环境，并正确安装。

2．编写 C 程序实现功能：输入两个整数，求解并输出它们的和。

第 2 章　C 语言基础知识

一篇英语文章是由一系列的字母、数字、标点符号和空格等组成的，同样，一个 C 程序也是由字母、数字和语言规定的特殊符号组成的。至于这些符号如何构成程序，C 语言有一整套的语言规则，编写代码时必须符合这些规则。本章主要讲述标识符、数据类型、运算符和表达式。

2.1　标识符

标识符是用来标识程序中用到的变量名、函数名、类型名和数组名等的有效字符序列。C 语言规定：标识符是以字母或下画线开头的字母、数字和下画线序列，并且不能与关键字（保留字）冲突。

关键字就是已被 C 语言本身使用，不能用于其他用途的字。例如，关键字不能用作变量名、函数名等。

由 ANSI 标准定义的 C 语言关键字共 32 个：

auto	double	int	struct	break	else	long	switch
case	enum	register	typedef	char	extern	return	union
const	float	short	unsigned	continue	for	signed	void
default	goto	sizeof	volatile	do	if	while	static

例如，下面是合法的标识符：

sum　　　a2015_1　　b　　average　　_max　　year_month_day

下面是不合法的标识符：

2015year　　a$bc　　a-b-c　　c5.0

在 C 语言中，字母区分大小写，如 Ave 和 ave 是两个不同的标识符。习惯上，用小写字母命名变量，用大写字母表示一些特殊的量，如符号常量通常用大写字母表示。

用户在命名标识符时，应尽量做到见名知意，即让读者看到该标识符就知道它在程序中的意义和作用，这样可以增加程序易读性。另外，尽量不要将数字 0 和字母 o 或者数字 1 和字母 l 混合用在一个标识符中，以免引起混淆。

2.2　基本数据类型

程序处理的对象是数据，数据有很多形式，如数字、文字、声音和图形等。由于程序中数据的多样性，其对不同数据的处理也存在差别，例如，对整数可进行加、减、乘、除等运算，但对文字数据，进行乘、除运算就毫无意义。再者，数据在计算机中都是以二进制数存放的，程序应该怎样区分数字和文字呢？因此，在程序中，要对不同的数据进行分类，以便能够进行合适的处理。也就是说，一个数据在使用之前，程序要知道它是什么样的数据，是文字还是数字，这就产生了数据分类的问题，数据类型的概念也就由此而生。

C 语言的数据类型相当丰富，如图 2-1 所示。

在 C 语言中，数据有常量和变量两种表现形式。常量是指程序运行过程中其值不发生变化的量。C 语言中的常量有整型常量、实型常量、字符型常量、字符串常量和符号常量。常量的使用方法比较简单，通过本身的书写格式就说明了常量的类型。变量是指在程序运行过程中其值能被改变的量。在程序中使用变量遵循"先定义，后使用"的原则，即在使用变量之前必须先定义其类型，否则程序无法为该变量分配存储空间。

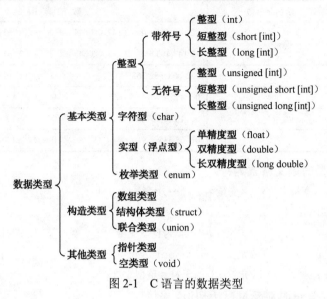

图 2-1 C 语言的数据类型

2.2.1 整型常量与变量

1. 整型常量

整型常量就是整常数，可以用三种进制数形式表示。

（1）十进制数：以非 0 开头的数，每个数字位可以是 0～9，如 329，−329。

（2）八进制数：以 0 开头的数，每个数字位可以是 0～7，如 0325，−0325。

（3）十六进制数：以 0x（或 0X）开头的数，每个数字位可以是 0～9，A～F（或 a～f），如 0x258d，−0x258。

在程序中是根据前缀来区分各种进制数的，因此在书写常数时注意不要把前缀弄错。

在 C 语言中，整型常量后面可以跟字母后缀，后缀 L 或 l 表示长整型常量，如 123L、456l 等；后缀 U 或 u 表示无符号常量，如 123U、456u 等。

2. 整型变量

整型变量分为整型（基本型）、短整型、长整型和无符号型。无符号型又分为无符号整型、无符号短整型和无符号长整型。各类型对应的说明符如下。

整型：int

短整型：short [int]

长整型：long [int]

无符号整型：unsigned int

无符号短整型：unsigned short [int]

无符号长整型：unsigned long [int]

整型数据在内存中所占字节数由编译系统决定，以 Code::Blocks 编译系统为例，整型数据所占内存字节数以及数的范围见表 2-1，表中方括号中的内容为可选。

表 2-1　整型数据所占内存字节数以及数的范围

数 据 类 型	所占字节数	数 的 范 围
int	4	$-2\,147\,483\,648 \sim 2\,147\,483\,647$　即$-2^{31} \sim (2^{31}-1)$
long [int]	4	$-2\,147\,483\,648 \sim 2\,147\,483\,647$　即$-2^{31} \sim (2^{31}-1)$
short [int]	2	$-32\,768 \sim 32\,767$　　　　　即$-2^{15} \sim (2^{15}-1)$
unsigned [int]	4	$0 \sim 4\,294\,967\,295$　　　　即 $0 \sim (2^{32}-1)$
unsigned long [int]	4	$0 \sim 4\,294\,967\,295$　　　　即 $0 \sim (2^{32}-1)$
unsigned short [int]	2	$0 \sim 65\,535$　　　　　　　即 $0 \sim (2^{16}-1)$

在 C 语言中，变量的定义格式为：

　　<类型说明符> <变量名 1>[,<变量名 2>,…,<变量名 n>];

整型变量的定义如下：

```
int  i,j,k;           //定义 i、j、k 为整型变量
long sum,count;       //定义 sum、count 为长整型变量
unsigned st;          //定义 st 为无符号整型变量
```

C 语言允许在定义变量时对变量赋予初值，例如：

```
long sum=0,count;     //定义 sum、count 为长整型变量，同时对 sum 赋初值为 0
```

2.2.2　浮点型常量与变量

1．浮点型常量

在 C 语言中，浮点型常量又称为实数或浮点数，有以下两种表示形式。

（1）小数形式：这种形式的数由整数部分、小数点和小数部分组成。例如，1.23，0.45，.234 等。

（2）指数形式：这种形式的数由实数部分、字母 E（或 e）和整数部分组成。例如，1.23×10^{-7} 可以表示为 1.23E-7，1×10^5 可以表示为 1e5 等。需要注意的是，E（或 e）前面必须有数字，E（或 e）后面的数字必须是整数。例如，1.23E3.2，e5 都是不合法的指数形式。

2．浮点型变量

浮点型变量包括单精度浮点型、双精度浮点型和长双精度浮点型三类，其对应的类型说明符分别为 float、double 和 long double。

（1）单精度浮点型（float 型）。此类型数据在内存中占 4 字节（32 位），提供 6～7 位有效数字。

（2）双精度浮点型（double 型）。此类型数据在内存中占 8 字节（64 位），提供 15～16 位有效数字。

（3）长双精度浮点型（long double 型）。此类型数据在内存中占 16 字节（128 位），提供 18～19 位有效数字。

浮点型变量在使用前也必须先定义，例如：

```
double x,y;           //定义 x、y 为双精度变量
float s,ave;          //定义 s、ave 为单精度变量
```

注意： 浮点型常量默认为双精度浮点型，即 double 型。

2.2.3 字符型常量与变量

1. 字符型常量

字符型常量表示的是一个字符，用单引号括起来。在内存中只占 1 字节（8 个二进制位）。例如，'A'，'a'，'2'，'!'等都是字符型常量。

（1）基本字符。计算机系统所采用字符集中的任意字符。大多数计算机系统采用 ASCII（American Standard Code International Interchange，美国标准信息交换码）码值表示一个字符，常用 ASCII 码值与字符的对应关系见附录 A。例如，字符型常量'A'，'a'，'2'，'!'对应的十进制 ASCII 码值分别是 65，97，50，33。

（2）转义字符。有一些字符，如换行符、退格符等控制符，只能用转义字符表示。转义字符以'\'开头，后跟字符或数字。转义字符将'\'后面的字符转变成另外的意义，虽然转义字符形式上由多个字符组成，但它是字符型常量，只代表一个字符。例如，'\\'表示反斜杠字符\，'\n'表示换行，'\141'表示小写字母 a，'\x26'表示字符&。表 2-2 是转义字符表。

表 2-2 转义字符表

转 义 字 符	含 义	转 义 字 符	含 义
\n	换行	\\	反斜杠\
\t	横向跳格	\'	单引号'
\v	竖向跳格	\"	双引号"
\b	退格	\ddd	1～3 位八进制数所代表的字符
\r	回车	\xhh	1～2 位十六进制数所代表的字符
\f	走纸换页		

2. 字符型变量

字符型变量用来存放单个字符，定义形式如下：

```
char c1,c2;
```

上述语句定义 c1 和 c2 为字符型变量，之后可以对 c1 和 c2 赋值，如：

```
c1='A'; c2='a';
```

2.2.4 字符串常量

字符串常量是用双引号括起来的字符序列。例如，"Hello"，"This is my first prom"。C 语言规定字符串的存储方式为：字符串中的每个字符（转义字符只能被看成一个字符）按照其 ASCII 码值的二进制形式存储在内存中，并在字符串最后一个字符后面再存入一个字符'\0'（ASCII 码值为 0），'\0'是字符串结束符。

例如，"Hello"在内存中占 6 字节，表示如下：

H	e	l	l	o	\0

又如，字符串"a"在内存中占 2 字节，表示如下：

a	\0

而前面用到的'a'是字符，在内存中只占 1 字节。因此必须注意，字符串常量和字符型常量

有着本质的差别，"a"和'a'是两种不同的数据，不要将它们混淆。

字符串常量占的内存字节数等于字符串中字符数加 1，增加的 1 字节用于存放'\0'。

2.2.5　符号常量

C 语言允许将程序中的常量定义为一个标识符，称为符号常量。符号常量一般用大写字母表示，以区别于一般用小写字母表示的变量。符号常量在使用之前必须预定义，定义的格式是：

```
#define 标识符 常量
```

例如：

```
#define PI 3.1415926
```

定义 PI 为符号常量，其值为 3.1415926。#define 是 C 语言的预处理命令，称为宏定义命令，其功能是把该标识符定义为其后的常量值。一经定义，以后在程序中出现该标识符的地方均代之以该常量值。定义符号常量是为了提高程序的可读性，便于程序的调试和修改。假如要对一个程序中多次使用的符号常量值进行修改，只需对预处理命令中定义的常量值进行修改即可。

2.3　标准输入/输出函数

程序的最终目的是处理数据。程序在执行过程中，可以接收用户输入的数据，进行处理，最后把结果作为输出数据，返回给用户。一个没有输入的程序只能处理固定的数据，每次运行只能得到相同的结果，通常这样的程序使用价值不大。而没有输出的程序是毫无意义的，一个程序必须输出计算结果。输入/输出是程序中最基本的操作之一。

C 语言本身不提供输入/输出语句，输入和输出功能由系统提供的库函数（常用库函数见附录 B）实现。在使用 C 语言库函数时，要用预编译命令#include 将相关头文件包含到用户源文件中。例如，使用标准输入/输出函数时，要用到 stdio.h 头文件。在调用标准输入/输出函数时，程序开头应有以下预编译命令：

```
#include <stdio.h>
```

或

```
#include "stdio.h"
```

上面两种#include 用法的区别是：前者为标准方式，编译系统从存放 C 编译系统的子文件夹中去查找所要包含的文件；后者在编译时，编译系统先在用户的当前文件夹（通常指用户存放源程序文件的文件夹）中查找要包含的文件，如果找不到，再按标准方式查找。

2.3.1　格式化输出函数

格式：printf(格式控制,输出表列)

功能：将输出的数据按格式控制指定的格式输出。

函数应用举例：

```
printf("%d %d\n",n,m);
```

1. 格式控制

格式控制是由双引号括起来的字符串，包含格式说明和普通字符。格式说明由%和格式符组成，它的作用是将输出的数据转换为指定的格式输出。格式说明总以%开始。普通字符是指需要按字符原样输出的字符。例如，在 printf("%d %d\n",n,m);语句中，双引号内的空格和"\n"（换行符，即自动换到新的一行）就是普通字符，按原样输出。printf()格式符及含义见表 2-3。

表 2-3　printf()格式符

格　式　符	含　　义
d	以十进制数形式输出整数（正数不输出符号）
o	以八进制数形式输出整数（不输出前导符 0）
x	以小写十六进制数形式输出整数（不输出前导符 0x）
X	以大写十六进制数形式输出整数（不输出前导符 0X）
u	以无符号十进制数形式输出整数
f	以小数形式输出浮点数，默认小数部分为 6 位
e, E	以指数形式输出浮点数。用 e 输出时指数以 e 表示，用 E 输出时指数以 E 表示
g, G	用 f 和 e 中输出位数较少的一种形式来输出浮点数，不输出无意义的 0。用 G 时，若以指数形式输出，则指数以大写形式表示
c	以字符形式输出，输出一个字符
s	输出字符串

在 C 语言中，如果要输出%，则在程序中必须用两个%表示，即%%。另外在%和格式符之间还可加入附加格式符，见表 2-4。

表 2-4　附加格式符

附加格式符	含　　义
l	用在格式符 d，o，x，u 的前面，输出长整型数；用在格式符 f 或 e 的前面，输出双精度浮点数
h	用在格式符 d，o，x，u 的前面，输出短整型数
m（整数）	m 表示输出数据的最小宽度。当 m 为正时，输出的数据右对齐；当 m 为负时，输出的数据左对齐
.n（整数）	n 为一个正整数，当输出实数时表示输出 n 位小数，当输出字符串时表示截取字符的个数
-	输出的数据在域内向左靠

2．输出表列

输出表列是需要输出的一些数据，可以是常量、变量或表达式。各输出项之间用逗号分隔。例如：

```
printf("%d %d\n",n,m);
printf("n=%d m=%d\n",n,m);
```

格式说明　输出变量列表

在第 2 个 printf()中，双引号内包含'n'、'='、空格、'm'、'='和'\n'（换行符，即自动换到新的一行）几个普通字符，它们全部按原样输出。如果变量 n 的值为 2，变量 m 的值为 3，则输出：

```
2 3
n=2 m=3
```

3. 使用说明

（1）%f 和%e（或%E）都用于输出浮点数，前者以小数形式输出，后者以指数形式输出。附加格式符 m 和 n（m 和 n 都是整数）可以放在%和格式符之间，如果数据实际位数大于 m，则按实际位数输出。当数据实际位数小于 m 时，用%m.nf 格式输出的数据右对齐，左补空格；用%-m.nf 格式输出的数据左对齐，右补空格。

例如，以下语句：

```
float x=1234.5678;
printf("%f,%10f,%-10.2f,%.2f,%10.2f\n",x,x,x,x,x);
printf("%e,%10e,%-10.2e,%.2e,%10.2e\n",x,x,x,x,x);
```

输出结果为：

```
1234.567749,1234.567749,1234.57   ,1234.57,   1234.57
1.234568e+003,1.234568e+003,1.23e+003 ,1.23e+003, 1.23e+003
```

本例中的 10 为输出数据的总位数，2 为输出数据的小数位数。当没有指定位数时，输出整数部分、小数点和 6 位小数，但不一定都是有效位。数据 1 234.567 749 就是因为实数存储误差引起的。假定给出的数据在有效位数范围内，如果小数点后实际位数小于 n，则以 0 补足小数位数；如果小数点后实际位数大于 n，则第 n+1 位采取四舍五入方法处理；如果小数部分 n 为 0，则只输出整数部分，不输出小数点和小数部分。

（2）%f 和%lf 都以小数形式输出浮点数。

例如，以下语句：

```
float   x=1234567890123.123456;
double  y=1234567890123.123456;
printf("x=%f,y=%lf\n",x,y);
```

输出结果为：

```
x=1234567954432.000000,y=1234567890123.123500
```

可以看出，double 型的精度比 float 型的精度高。

（3）%d 用于输出整数，附加格式符 m（整数）可以放在%和格式符之间。如果数据实际位数大于 m，则按实际位数输出。当数据实际位数小于 m 时，用%md 格式输出的数据右对齐，左补空格；用%-md 格式输出的数据左对齐，右补空格。另外，在 C 语言中，一个整数可以按不同的数制数（十进制数、八进制数、十六进制数）形式输出。

例如，以下语句：

```
int b=12;
printf("%d,%-15d,%15d\n",b,b,b);
printf("%o,%-15o,%15o\n",b,b,b);
printf("%x,%-15x,%15x\n",b,b,b);
printf("%X,%-15X,%15X\n",b,b,b);
int a=-1;
printf("%d,%-15d,%15d\n",a,a,a);
printf("%o,%-15o,%15o\n",a,a,a);
printf("%x,%-15x,%15x\n",a,a,a);
printf("%X,%-15X,%15X\n",a,a,a);
```

输出结果为：

```
12,12                    ,        12
14,14                    ,        14
c,c                      ,        c
C,C                      ,        C
-1,-1                    ,        -1
37777777777,37777777777  ,        37777777777
ffffffff,ffffffff                 ffffffff
FFFFFFFF,FFFFFFFF                 FFFFFFFF
```

（4）%c 用于输出字符，附加格式符 m（整数）可以放在%和格式符 c 之间。对于一个字符，可以按%d 形式输出。对于一个整数，如果其值在 0～127 范围内，也可以用%c 按字符形式输出。

例如，以下语句：

```
int m=65;
char ch='a';
printf("%c,%5c,%-5c,%d\n",ch,ch,ch,ch);
printf("%c,%5c,%-5c,%d\n",m,m,m,m);
```

输出结果为：

```
a,    a,a    ,97
A,    A,A    ,65
```

在上面的例子中，当整数用%c 形式输出时，会将整数作为 ASCII 码值转换成相应的字符输出；而当字符用%d 形式输出时，会将该字符对应的 ASCII 码值输出。ASCII 码值 65 对应的字符是大写字母'A'，字符'a'对应的 ASCII 码值是 97。

（5）%s 用于输出字符串。字符串常量用双引号括起来，附加格式符 m 和 n（m 和 n 都是整数）可以放在%和格式符 s 之间，在这里，m 为输出字符串的总长度，n 为截取字符的个数。负号表示输出的字符在规定长度内左对齐，不带负号表示右对齐。

例如，以下语句：

```
printf("%s,%10s,%-10.3s,%10.3s\n","Beijing","Beijing","Beijing",
        "Beijing");
```

输出结果为：

```
Beijing,   Beijing,Bei        ,       Bei
```

2.3.2　格式化输入函数

格式：scanf(格式控制,地址表列)

功能：从键盘输入各种数据。

函数应用举例：

```
scanf("%d%d",&n,&m);
```

其中，&为取地址运算符，&n 为变量 n 在内存中的地址。

1．格式控制

scanf()中的格式控制和 printf()中的格式控制类似，也包含格式说明和普通字符。格式说明以%开始，后接格式符结束，中间可以插入附加格式符。

2．地址表列

地址表列由若干地址组成，可以是变量的地址、字符串的首地址。表 2-5 和表 2-6 是 scanf() 可用的格式符和附加格式符。

表 2-5　scanf() 格式符

格 式 字 符	含　　义
d	输入十进制整数
o	输入八进制整数
x, X	输入十六进制整数
U	输入无符号十进制整数
f（e, E, g, G）	输入浮点数，可以用小数形式或指数形式输入
c	输入一个字符
s	输入字符串，将字符串送到一个字符数组中，在输入时以非空白字符开始，以第一个空白字符表示输入结束。注意，字符串应以'\0'作为最后一个字符

表 2-6　scanf() 附加格式符

附加格式符	含　　义
l	用于输入长整型数和双精度浮点数（d, o, x, u, f, e 格式可用）
h	用于输入短整型数（d, o, x 格式可用）
m（整数）	指定输入数据所占的列数（d, o, x, f, e 格式可用）
*	表示本输入项在读入后不赋给相应的变量

3．使用说明

（1）在 scanf() 中，作为地址表列的是变量地址，而非变量名。如果 n 是整型变量，x 是实型变量，则输入数据可以写成：

```
scanf("%d%f",&n,&x);
```

很多初学者会误写成"scanf("%d%f",n,x);"，这种写法是错误的，在变量名前漏写了&符号。

（2）"*"表示本输入项在读入后不赋给相应的变量。

例如，以下语句：

```
scanf("%d%d%*d",&a,&b,&c);
```

输入数据时，两个数之间以一个或多个空格分隔，也可以用回车键或 Tab 键分隔。如果输入：

```
123  456  789
```

则将 123 赋给变量 a，将 456 赋给变量 b，而变量 c 没有得到值。

（3）可以指定输入数据所占的列数，系统自动按它截取所需数据。

例如，以下语句：

```
scanf("%2d%3f",&a,&b);
```

如果输入：

```
123456789
```

则将 12 赋给 a，345.0 赋给 b。

（4）输入数据时，不能规定小数位数。

例如，以下语句：

```
scanf("%5.2f",&a);
```

是不合法的。

（5）如果在格式控制中除格式说明外还有普通字符，则在输入数据时应该输入与这些字符相同的字符。

例如，以下语句：

```
scanf("a=%d,b=%d",&a,&b);
```

如果输入：

```
a=123,b=456
```

则将 123 赋给 a，456 赋给 b。

（6）在输入数值型数据时，如果遇到空格、回车键、Tab 键或非法输入，则认为输入结束。

（7）在用%c 形式输入数据时，空格和转义字符都作为有效字符输入。

例如，以下语句：

```
scanf("%c%c%c",&a,&b,&c);
```

如果输入：

```
x y
```

则将'x'赋给 a，空格赋给 b，'y'赋给 c。

（8）在输入两个数（整数或实数）时，需要用空格分隔。但在输入数字和字符时，数字和字符之间不需要加空格，如果有空格，则将空格赋给相应的字符型变量。

例如，以下语句：

```
scanf("%d%d%c%c%d",&a,&b,&d,&e,&c);
```

如果输入：

```
12 345 x567
```

则将 12 赋给 a，345 赋给 b，空格赋给 d，'x'赋给 e，567 赋给 c。

上面列举了几种输入的情况，但在一般情况下，使用输入函数时，除必需的"%"和格式符外，不建议加其他符号。

2.3.3 字符输出函数

格式：putchar(c)

功能：输出由变量 c 给出的一个字符到显示器上，也可以输出字符常量。

例如，以下语句：

```
#include <stdio.h>
int main()
{
    char ch1,ch2,ch3;
    ch1='W';
    ch2='i';
    ch3='n';
    putchar(ch1);putchar(ch2);putchar(ch3);putchar('\n');
```

```
        putchar(ch1);putchar('\n');
        putchar(ch2);putchar('\n');
        putchar(ch3);putchar('\n');
        return 0;
    }
```

运行结果为：

2.3.4 字符输入函数

格式：`getchar()`

功能：从键盘输入一个字符。

例如，以下语句：

```
#include <stdio.h>
int main()
{
    char ch;
    ch=getchar();
    putchar(ch);
    return 0;
}
```

如果输入：

    Win

则将'W'赋给变量 ch，输出：W。

2.4 运算符与表达式

   C 语言中的运算符十分丰富，除控制语句和输入/输出外的几乎所有的基本操作都作为运算符处理。C 语言中的运算符包括算术运算符、赋值运算符、关系运算符、逻辑运算符、条件运算符、位运算符、逗号运算符、sizeof 运算符等，详见附录 C。

   表达式是由变量、常量、函数调用以及运算符构成的符合 C 语言语法的式子。

2.4.1 算术运算符与表达式

1. 算术运算符

算术运算符见表 2-7。

说明：

（1）两个整数相除，结果为整数。例如，7/2 的结果为 3。如果参加运算的两个数中有一个是实数，则结果为 double 型，例如，7.0/2=3.5。

（2）求余运算符%只能用于整型数据，例如，5%2 的值为 1。而且余数的值的符号与被除数一致，例如，-5%-2 的值为-1，5%-2 的值为 1。

（3）自增运算符++和自减运算符--只能用于变量，++的作用是使变量的值加 1，--的作用是使变量的值减 1。++和--既可以放在变量之前，也可以放在变量之后。放在变量之前时，先加 1（减 1），然后使用，即先加 1（减 1）后取；放在变量之后时，先使用，然后再加 1（减 1），即先取后加 1（减 1）。

表 2-7　算术运算符

运　算　符	含　　义	运　算　符	含　　义
+	加法	+	正号
-	减法	-	负号
*	乘法	++	自增 1
/	除法	--	自减 1
%	求余		

例如，以下语句：

```
n=2;
m=++n;
printf("n=%d m=%d\n",n,m);
```

输出结果为：

`n=3 m=3`

又如：

```
n=2;
m=n++;
printf("n=%d m=%d\n",n,m);
```

输出结果为：

`n=3 m=2`

2. 算术表达式

算术表达式是由算术运算符和括号将运算对象（操作数）连接起来的、符合 C 语言语法的式子。其运算对象可以是常量、变量、函数。例如，3+5*2-1+3/2 就是一个算术表达式，运算时优先级高的先运算，*和/的优先级高于+和-，因此先执行*和/，然后再执行+和-。

2.4.2　赋值运算符与表达式

1. 赋值运算符

赋值运算符"="的功能是将其右边的表达式的值赋给左边的变量。

为了简化程序并提高编译效率，C 语言允许在赋值运算符"="之前加上其他运算符以构成复合赋值运算符，包括以下两类：

与算术运算符组成的复合运算符：+=　-=　*=　/=　%=

与位运算符组成的复合运算符：<<=　>>=　&=　^=　|=

2．赋值表达式

由赋值运算符将一个变量和一个表达式连接起来的式子称为赋值表达式。例如，n=2 就是将 2 赋给变量 n。又如，n+=2 等价于 n=n+2，x*=y+2 等价于 x=x*(y+2)。

2.4.3　关系运算符与表达式

1．关系运算符

C 语言中的关系运算符有 6 种，见表 2-8。

表 2-8　关系运算符

运　算　符	含　　义	运　算　符	含　　义
>	大于	>=	大于等于
<	小于	<=	小于等于
==	等于	!=	不等于

关系运算符的优先级比算术运算符的低，关系运算符中==和!=运算符的优先级比其他 4 种关系运算符的低。

注意：一个等号（=）是赋值运算符，而关系运算符中的等于运算符是两个等号（==）。

2．关系表达式

由关系运算符将两个表达式连接起来的有意义的式子称为关系表达式。例如，x+y>z 和 n!=0 都是关系表达式。

关系表达式的值只有两个：1 和 0，如果表达式为真，则其值为 1，否则其值为 0。

可以将关系表达式的结果赋给一个整型或字符型变量，例如，z=x!=y。

2.4.4　逻辑运算符与表达式

1．逻辑运算符

为了表示复杂的条件，需要将若干个关系表达式连接起来，这就要用到逻辑运算符。C 语言提供的逻辑运算符有：

　　　!　　逻辑非

　　&&　　逻辑与

　　||　　逻辑或

逻辑非是单目运算符，如!x，其运算规则是：当 x 的值为非 0 时，其值为 0；当 x 的值为 0 时，其值为 1。逻辑与、逻辑或是双目运算符，如 x>1 && x<10，x>10 || x<1 等。

这三个逻辑运算符的优先级为：逻辑非（!）最高，逻辑与（&&）次之，逻辑或（||）最低。

2．逻辑表达式

由逻辑运算符将关系表达式连接起来的有意义的式子称为逻辑表达式。逻辑表达式的值也只有两个：1 和 0，1 表示真，0 表示假。

数学上，要表示 x 在开区间(0,10)内，其数学表达式为：1<x<10。在 C 语言中，用逻辑表达式可表示为：(x>1) && (x<10)，也可表示为：x>1 && x<10，因为关系运算符的优先级比逻辑运算符的高，所以括号可以省略。

表 2-9 给出了逻辑运算符运算规则。

表 2-9　逻辑运算符运算规则

A	B	A&&B	A‖B	!A
非 0（真）	非 0（真）	1	1	0
非 0（真）	0（假）	0	1	0
0（假）	非 0（真）	0	1	1
0（假）	0（假）	0	0	1

说明：

（1）当 A 和 B 都为真时，A&&B 的值为 1。

（2）A 和 B 中只要有一个为真，A‖B 的值就为 1。

（3）当 A 为真时，!A 的值为 0；当 A 为假时，!A 的值为 1。

要熟练使用逻辑表达式表示复杂条件。例如，判断一个年份是否是闰年，闰年的条件是：能被 4 整除，但不能被 100 整除；或者能被 400 整除。写成 C 语言表达式为：

```
(year % 4 == 0 && year % 100 != 0) || year % 400==0
```

在对逻辑表达式进行求值的过程中，并不是所有的关系表达式都会被求值。对&&运算符来说，只有在左边的关系表达式的值为真的情况下，才计算右边表达式的值。而对‖运算符来说，只有在左边的关系表达式的值为假的情况下，才计算右边表达式的值。

【例 2-1】　假设 x=-1，y=-1，z=-1，求解表达式 w=++x&&++y‖++z。

为计算上述表达式的值，可编写如下程序：

```
#include <stdio.h>
int main()
{
    int   x,y,z,w;
    x=-1;
    y=-1;
    z=-1;
    w=++x&&++y||++z;
    printf("x=%d,y=%d,z=%d,w=%d\n",x,y,z,w);
    return 0;
}
```

该程序的关键是分析"w=++x&&++y‖++z;"语句是怎么执行的。

首先计算++x，x 的值加 1 后值为 0，因此++y 就不运算了，y 的值仍为-1，由此++x&&++y 的值为 0；然后计算++z，得到 z 的值为 0，故 w 的值也为 0。

运行结果为：

```
x=0,y=-1,z=0,w=0
```

试问，如果将程序中"x=-1; y=-1; z=-1;"改为"x=1; y=1; z=1;"那么程序的运行结果会怎样？

2.4.5 条件运算符与表达式

1. 条件运算符

条件运算符"?:"是一个三目运算符，它是 C 语言中唯一的一个三目运算符。

2. 条件表达式

由条件运算符将三个表达式连接起来的有意义的式子称为条件表达式。其一般形式为：

```
表达式 1?表达式 2:表达式 3
```

条件表达式执行过程是，先计算表达式 1 的值，如果表达式 1 的值为真（非 0），则计算表达式 2 的值，并把该值作为运算结果，否则将表达式 3 的值作为运算结果。

"?:"运算符相当于第 3 章将要介绍的条件语句：

```
if(e1)
    e2;
else
    e3;
```

其中，e1、e2 和 e3 依次是上述表达式 1～3。

3. 说明

（1）条件运算符的优先级比赋值运算符的高，比关系运算符和算术运算符的低。例如，想把 m 和 n 中较大数放入 a 中，可以表示为：

```
a=(m>n)?m:n
```

也可以省略括号，表示为：

```
a=m>n?m:n
```

（2）条件表达式的结合方向为"自右至左"，例如：

```
a<b?a:b<c?b:c
```

等价于：

```
a<b?a:(b<c?b:c)
```

（3）在条件表达式中，各表达式的类型可以不相同。当表达式 2 和表达式 3 的类型不同时，条件表达式的值的类型为两者中优先级较高的类型。

例如，a>b?2.3:5,假设 a 和 b 是整型的，若 a>b,则 a>b?2.3:5 的值为 2.3；若 a<b,则 a>b?2.3:5 的值为 5.0。

2.4.6 位运算符与表达式

1. 位运算符

所谓位运算，是指进行二进制位的运算。C 语言提供的位运算符有 6 种，见表 2-10。

表 2-10 位运算符

运 算 符	含 义	运 算 符	含 义
&	按位与	~	按位取反
		按位或	<<	左移
^	按位异或	>>	右移

说明:

(1) 位运算符中, 除~外, 均为二目运算符。

(2) 运算对象(操作数)只能是整型或字符型数据。

(3) 左移或右移运算不改变原运算对象(操作数)的值。

2. 位表达式

由位运算符将运算对象连接起来的有意义的式子称为位表达式。位运算符运算规则见表 2-11。

表 2-11 位运算符运算规则

A	B	A&B	A|B	A^B	~A
0	0	0	0	0	1
0	1	0	1	1	1
1	0	0	1	1	0
1	1	1	1	0	0

(1) 按位与, 按位或, 按位异或, 取反

【例 2-2】 有 "int n=20,m=15;" 分别计算 n&m, n|m, n^m 和~n 的值。

首先将 n 和 m 转换为二进制数, 十进制数 20 的二进制数为 00010100, 十进制数 15 的二进制数为 00001111。计算过程如下:

```
    00010100              00010100              00010100
  & 00001111            | 00001111            ^ 00001111
    00000100              00011111              00011011
```

将 00000100 转换成十进制数 4, 将 00011111 转换成十进制数 31, 将 00011011 转换成十进制数 27。

n 取反为 11101011, 将 11101011 转换成带符号十进制数-21。

因此 n&m 的值为 4, n|m 的值为 31, n^m 的值为 27, ~n 的值为-21。

(2) 左移(右移)

将一个数的各二进制位左移(右移)若干位, 空出来的位上填 0。

【例 2-3】 有 n=20, 计算 n<<2 和 n>>2 的值。

首先将 n 转换为二进制数, 十进制数 20 的二进制数为 00010100。

n<<2 的值为 01010000。在数据可表示范围内, 一般左移 1 位相当于乘 2, 左移 2 位相当于乘 4。

n>>2 的值为 00000101。在数据可表示范围内, 一般右移 1 位相当于除以 2, 右移 2 位相当于除以 4。

2.4.7 逗号运算符与表达式

用逗号将表达式连接起来构成逗号表达式。其一般形式为：

表达式 1,表达式 2,…,表达式 n

逗号表达式的运算次序为：从左到右依次计算各表达式的值，逗号表达式的值就是表达式 n 的值。例如，以下语句：

m=(10,20,30);

执行后 m 的值为 30。

2.4.8 sizeof 运算符

sizeof 运算符以字节形式给出了其操作数的存储大小。操作数可以是类型名或变量。假设 x 是 double 型变量，则 sizeof(x)或 sizeof(double)的值都为 8。

2.4.9 数据类型转换

字符型数据在内存中是以 ASCII 码值形式存储的，与整数的存储形式类似。因此字符型数据和整型数据之间可以通用。字符型数据既可以以字符形式输出，也可以以整数形式输出；同时，字符型数据可以赋给整型变量，整型数据也可以赋给字符型变量，但是，当整型数据的大小超过字符型变量的表示范围时，需要截取相应的有效位数。

除字符型数据和整型数据之间可以通用外，不同类型的数据在进行混合运算时需要进行数据类型转换。数据类型转换有两种方式：自动数据类型转换和强制数据类型转换。

1. 自动数据类型转换

C 语言允许在整数、单精度浮点数和双精度浮点数之间进行混合运算。在进行混合运算时，不同类型的数据要首先转换成同一种数据类型，然后才能进行运算。不同数据类型之间转换规则如图 2-2 所示。

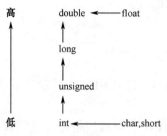

图 2-2 不同数据类型之间转换

图 2-2 中横向向左的箭头表示必定的转换，例如 char 型数据必定先转换为 int 型数据。纵向箭头表示当运算对象为不同数据类型时转换的方向。例如，int 型与 double 型数据进行运算时，先将 int 型转换成 double 型，然后再进行运算，运算结果为 double 型。注意，图中箭头方向只表示数据类型级别的高低，由低向高转换，不要理解为 int 型先转换成 unsigned 型，再转换成 long 型，最后转换成 double 型。当 int 型数据与 double 型数据进行运算时，直接将 int 型转换成 double 型。

【例 2-4】 计算 5+'B'+2.3*3=?

计算过程如下：

① 字符 B 转换成 int 型即 66，5+66 得 71。

② 整数 3 转换成 double 型即 3.0，2.3*3.0 得 6.9。

③ 整数 71 转换成 double 型即 71.0，71.0+6.9 得 77.9。

2. 强制数据类型转换

当自动数据类型转换达不到目的时，可以进行强制数据类型转换。强制数据类型转换的一般形式为：

（类型标识符）（表达式）

例如，以下语句：

```
int i,n=2; double s=0;
for(i=1;i<10;i++)  s=s+n/i;
```

运行结果为 3，但 3 显然不是正确的结果，因此需要对 i 或 n 进行强制数据类型转换。修改上述代码为：

```
int  i,n=2; double s=0;
for(i=1;i<10;i++)  s=s+n/(double)(i);
```

注意：经过强制数据类型转换后，得到的是一个所需数据类型的中间值，原来变量的数据类型并没发生变化。

2.5 小结

1）本章从标识符、基本数据类型、基本输入/输出函数、运算符与表达式几个方面介绍 C 语言基础知识。

2）C 语言标识符是以字母或下画线开头的字母、数字和下画线序列。标识符不能与关键字（保留字）冲突。用户在命名标识符时，应该尽量做到见名知意。变量一般用小写字母表示，先定义后使用。

3）从常量和变量角度分别介绍基本数据类型，常量分为整型常量、浮点型常量、字符型常量、字符串常量和符号常量；变量分为整型变量、浮点型变量和字符型变量。

4）C 语言的输入/输出通过调用函数完成，本章介绍最常用的格式化输入/输出函数 scanf() 和 printf()，还有专门用于字符型数据的输入/输出函数 getchar() 和 putchar()。

5）C 语言具有丰富的运算符，结合数学函数可用 C 语言表达式表示出复杂的数学表达式。

综合练习题

1. 摄氏华氏温度转换。

【问题描述】 假如用 C 表示摄氏温度，F 表示华氏温度，则有：$F=C×9/5+32$。输入一个整数表示摄氏温度，根据该公式编程求对应的华氏温度。结果保留一位小数。

【输入形式】 从控制台读入一个整数，表示摄氏温度。

【输出形式】 向控制台输出转换后的华氏温度。结果保留一位小数。

【样例输入】

101

【样例输出】

    213.8

【样例说明】输入的是 101（摄氏温度值），通过上述公式计算得到华氏温度值应为 213.8。

2．求解并输出三位数的个位数、十位数和百位数。

【问题描述】输入一个三位正整数，求解并输出该数的个位数、十位数和百位数。

【输入形式】输入三位正整数。

【输出形式】依次输出个位数、十位数和百位数，用空格分隔。

【样例输入】

    152

【样例输出】

    2 5 1

3．求存款到期利息。

【问题描述】

输入存款金额 money、存期 year 和年利率 rate，根据下列公式计算存款到期时的利息 interest（税前）：

$$interest=money×(1+rate)^{year}-money$$

输出时保留两位小数。

其中，计算乘方可以用<math.h>库中的函数 pow()。

【样例输入】

    Enter money,year and rate: <u>1000 3 0.025</u>

【样例输出】

    interest=76.89

【样例说明】下画线表示用户输入的数据。

4．求三角形面积。

【问题描述】

若已知三角形三条边的长度分别为 a,b,c（并假设三条边长度的单位一致，在本编程题中忽略其单位），则可以利用公式：

$$S = \sqrt{s(s-a)(s-b)(s-c)}$$

求得三角形的面积，其中，s=(a+b+c)/2。编程实现从控制台读入以整数表示的三条边的长度（假设输入的长度肯定可以形成三角形），然后利用上述公式计算面积并输出。结果保留三位小数。

【输入形式】

从控制台输入三个整数分别表示三角形三条边的长度，以空格分隔三个整数。

【输出形式】

向控制台输出求得的三角形的面积。结果保留三位小数。

【样例输入】

    4 4 6

【样例输出】

    7.937

【样例说明】

输入的三角形三条边的长度分别为 4，4，6，利用上述计算公式可以求得三角形的面积为

7.937。结果保留三位小数。

5．输入一个 4 位正整数，将其加密后输出。

【问题描述】输入一个 4 位正整数，将其加密后输出。加密方法是，将该数每位上的数字加 9，然后除以 10 取余，所得结果作为该位上的新数字，最后将千位数和十位数互换，百位数和个位数互换，组成加密后的新 4 位数。

【样例输入】

    Enter a number: 1257

【样例输出】

    The encrypted number is 4601

【样例说明】

每位上的数字加 9 除以 10 取余后得 0146，交换后得到 4601。

第3章 程序控制结构

C 语言的程序控制结构主要有顺序结构、选择结构和循环结构三种。通过组合三种程序控制结构，可以解决各种复杂的实际问题，使得 C 语言具有强大的编程能力。本章将重点介绍顺序结构、选择结构和循环结构的基本语法与使用方法。

3.1 顺序结构

C 语言中的顺序结构主要由说明语句、表达式语句、空语句以及复合语句组成。在顺序结构程序中，各语句（或命令）是按照位置的先后顺序执行的，并且每条语句都会被执行到。可用如图 3-1 所示的顺序语句结构表示顺序结构流程图。

顺序结构的程序主体是依次执行具体功能的各条语句，主要包括：① 提供数据的语句。② 运算语句。③ 输出语句。

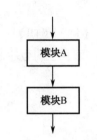

图 3-1 顺序语句结构

【例 3-1】 输入两个整数，用两种方法完成两数的交换。

```
//程序一
#include <stdio.h>
int main()
{
    int  a, b, t;
    scanf("%d%d", &a, &b);        //提供数据
    t=a;
    a=b;
    b=t;                          //运算
    printf("%d %d\n", a, b);      //输出
    return 0;
}
//程序二
#include <stdio.h>
int main()
{
    int  a, b;
    scanf("%d%d", &a, &b);
    a=a+b;
    b=a-b;
    a=a-b;
    printf("%d %d\n", a, b);
    return 0;
}
```

运行结果为：

```
100 200
200 100
```

程序一和程序二都利用了三条顺序执行的赋值语句，其中，程序一用变量 t 作为交换中间变量，此法在实际编程中常用；程序二利用加减法运算，实现了交换功能。不管用哪种方法，三条赋值语句的顺序都不可随意改变，否则不能达到目的。

3.2 选择结构

选择结构是实现结构化程序设计的基本成分之一，它所要解决的问题是根据"条件"判断的结果决定程序执行的流向，因此该结构也称为判断结构。程序执行的流向是根据条件表达式的值为 0 或非 0 来决定的。非 0 代表条件为"真"，即条件成立；0 代表条件为"假"，即条件不成立。

使用选择结构，需要考虑两个方面的问题：一是在 C 语言中如何表示条件，二是在 C 语言中用什么语句实现选择结构。在 C 语言中表示条件，可以用任意表达式，但一般用关系表达式或逻辑表达式。实现选择结构用条件（if）语句或分支（switch）语句。下面详细介绍这些语句。

3.2.1 if 语句

1. 简单的 if 语句

在简单的 if 语句中，关键词 if 后跟随一个用圆括号括起的表达式，随后是用花括号括起的一条或多条语句。语法格式如下：

　　if(表达式)　　语句

这里的"表达式"就是决定程序流向的"条件"，当表达式的值为非 0 时执行"语句"，否则不执行。该语句的执行过程如图 3-2 所示。

【例 3-2】 输入任意三个整数 num1、num2 和 num3，求三个数中的最大值。

```c
#include <stdio.h>
int main()
{
    int  num1, num2, num3, max;
    printf("Please input three numbers:");
    scanf("%d,%d,%d", &num1, &num2, &num3);
    max=num1;
    if (num2>max)    max=num2;
    if (num3>max)    max=num3;
    printf("The three numbers are:%d,%d,%d\n", num1, num2, num3);
    printf("max=%d\n", max);
return 0;
}
```

运行结果为：

```
Please input three numbers:10,30,20
The three numbers are:10,30,20
max=30
```

2. if-else 语句

if-else 语句的语法格式如下：

```
if(表达式)
    语句1
else
    语句2
```

if 后面的"表达式"，通常是能产生"真"、"假"结果的关系表达式或逻辑表达式，也允许为其他类型的数据，如整型、浮点型、字符型等。它的执行流程是：当 if 后表达式的值为真（非 0）时，执行语句 1，否则执行语句 2。这里的语句 1 和语句 2 可以是简单语句，也可以是复合语句。该语句的执行过程如图 3-3 所示。

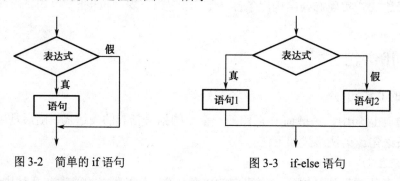

图 3-2 简单的 if 语句   图 3-3 if-else 语句

【例 3-3】 输入任意一个整数，输出该整数的绝对值。

```c
#include <stdio.h>
int main()
{
    int n;
    scanf("%d", &n);
    if(n>=0)
        printf("%d\n", n);
    else
        printf("%d\n", -n);
    return 0;
}
```

运行结果为：

```
-35
35
```

这种形式的 if-else 语句也可以用条件运算符改写，上例中的程序可改写成：

```
#include <stdio.h>
int main()
{
    int  n;
    scanf("%d", &n);
    printf("%d\n", n>=0?n:-n);
    return 0;
}
```

3．带 else if 语句的 if 语句

带 else if 语句的 if 语句是一种多分支选择结构，语法格式如下：

```
if(表达式 1)  语句 1
else if(表达式 2)  语句 2
……
……
else if(表达式 n)  语句 n
else  语句 n+1
```

该语句的执行过程如图 3-4 所示，在 n 个条件中，如果满足其中某个条件（表达式的值为非 0），则执行相应的语句，并跳出整个 if 结构执行该结构后面的语句；如果一个条件也不满足，则执行语句 $n+1$。如果没有语句 $n+1$，那么最后一个 else 可以省略，此时该 if 结构在 n 个条件都不满足时，将不执行任何操作。同样，这里的语句均可以是用一对{}括起来的复合语句。

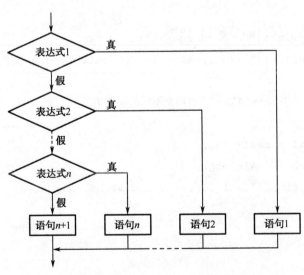

图 3-4　带 else if 语句的 if 语句

【**例 3-4**】 用带 else if 语句的 if 语句求解一元二次方程 $ax^2+bx+c=0$ 的根，系数 a、b、c 的值从键盘输入。

分析：按照数学上的理论，此一元二次方程的根由三个系数 a、b、c 的值决定，不同的系数组合可能有不同的根，因此程序中要充分考虑各种情况。

程序如下（程序中使用的符号都在英文状态下输入，后续程序都遵循此规范要求）：

```c
#include <stdio.h>
#include <math.h>
int main()
{
    float a, b, c, p, x1, x2, real, imag;
    scanf("%f%f%f", &a, &b, &c);
    if(a==0&&b==0&&c==0)//三者都为0，有无穷解
        printf("Infinite roots!\n");
    else if(a==0&&b==0&&c!=0)//a、b为0，c不为0，无解
        printf("No roots!\n");
    else if(a==0&&b!=0)//a为0，b不为0，无论c值如何，都只有一个根
        printf("Single root:%f\n", -c/b);
    else if(a!=0)
    {
        p=b*b-4*a*c;
        real = -b/(2*a);
        imag = sqrt(fabs(p))/(2*a);
        if(p==0)//b*b-4*a*c==0，有两个相同解，一个实数根
            printf("Single root:%f\n", real);
        else if(p<0)//b*b-4*a*c<0，有两个虚数根
        {
            printf("Complex roots:");
            printf("%f+%fi, %f-%fi\n", real, imag, real, imag);
        }
        else//b*b-4*a*c>0，有两个不同的实数根
        {
            x1 = real+imag;
            x2 = real-imag;
            printf("Real roots:%f and %f\n", x1, x2);
        }
    }
    return 0;
}
```

运行结果（程序分别执行5次）：

```
0 0 0
Infinite roots!
1 4 4
Single root:-2.000000
```

```
4 2 1
Complex roots:-0.250000+0.433013i, -0.250000-0.433013i
2 4 1
Real roots:-0.292893 and -1.707107
0 0 2
No roots!
```

关于使用 if 语句，需要说明以下三点。

（1）if 语句可以嵌套使用。例 3-4 中关于一元二次方程求根问题，按数学上的理论，$a\neq0$ 是方程众多求根条件之一，但在此条件下又分两种情况：当 $b^2-4ac\geq0$ 时，方程有两个实数根；当 $b^2-4ac<0$ 时，方程有两个虚数根。所以在 else if (a!=0)语句下嵌套使用 if-else 语句。

（2）在 if 结构中，语句可以是简单语句，也可以是复合语句，复合语句一定要加{}以表示 if 或 else if 条件的作用域范围，即当 if 后的条件成立时应该执行的所有语句。例如：

```
if(x>y) x=y;y=z;z=x;//不适当的写法
```

在该程序段中，当 x>y 时执行"x=y;"语句，然后依次执行"y=z;z=x;"两条语句。当 x<=y 时不执行"x=y;"语句，但后面两条语句仍然要执行，因为它们不在 if 条件的作用域范围内，所以，如果希望满足条件 x<=y 时三条语句都不执行，那么程序应写成：

```
if(x>y) {x=y;y=z;z=x;}//使用复合语句
```

（3）当程序中有众多 if 和 else 时，else 总是跟它上面最近的 if 配对，并且 else 必须和 if 配对使用。分析以下程序（右边是实际编程中利用缩进格式来显示的逻辑结构）：

```
int a=1,b=3,c=5,d=4,x;
if(a<b)                          if(a<b)
if(c<d)  x=1;                        if(c<d)  x=1;
else                                 else
if(b<d)  x=2;                            if(b<d)  x=2;
else  x=3;                               else  x=3;
else  x=6;                       else  x=6;
```

该程序的运行结果应为 x=2，流程图如图 3-5 所示。

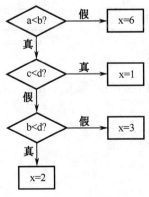

图 3-5　流程图

3.2.2　switch 语句

分支语句即指 switch 语句，也称为开关语句，它也是一种多分支选择结构。switch 是关键字，后面跟一个表达式，这个表达式里包含的某些变量在具体的问题模型里通常可能取不同的常量值。switch 语句能够根据表达式值的不同，使得程序转入不同的模块执行。

switch 语句的一般形式如下：

```
switch(表达式)
{
    case  常量表达式 1: 语句 1
    case  常量表达式 2: 语句 2
    ……
    case  常量表达式 n: 语句 n
    default: 语句 n+1
}
```

这种结构的语句，在其他高级语言中也称为 case 语句。它的执行流程是：当 switch 表达式的值与某个 case 后面的常量表达式的值相同时，程序就执行这个 case 后面的语句，并接着执行这个 case 后面的后续语句，直到 switch 语句的最后。其执行过程可以用图 3-6 来表示，其中，e 表示 switch 表达式，e1, e2, …, en 分别表示常量表达式 1、常量表达式 2、……、常量表达式 n。图 3-6 为不带 break 语句的 switch 语句。通常，程序员并不希望出现这种情况，一般各个 case 分支语句之间是相互排斥的，所以在每组 case 分支语句后可以用 break 语句结尾。break 语句的作用是使程序在执行匹配的 case 分支语句后直接跳出 switch 语句，接着执行 switch 语句后面的语句。

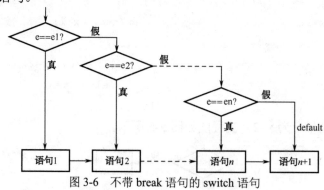

图 3-6　不带 break 语句的 switch 语句

关于 switch 语句的几点说明：

（1）每个 case 后面的常量表达式的值必须互不相同，以免程序执行的流程产生矛盾。

（2）switch 表达式可以是整型表达式、字符表达式等。

（3）多个 case 可以公用一组执行语句，例如：

```
……
case  4:
case  5:
case  6:
case  7: d=8;
```

表示，当 switch 表达式的值为 4、5、6 或 7 时，都执行同一组语句："d=8;"。

（4）若要在执行一条 case 分支语句后，使程序执行流程退出 switch 语句，那么可以加入 break 语句。常用的带 break 语句的 switch 语句的语法格式如下：

```
switch(表达式)
{
    case 常量表达式 1: 语句 1;  break;
    case 常量表达式 2: 语句 2;  break;
    ……
    case 常量表达式 n: 语句 n;  break;
    default  语句 n+1;
}
```

【例 3-5】 编写程序输入一个 5 位或 5 位以下的正整数，逆序输出该数。

分析：正整数对 10 取余后能得到其个位上的数，如 1234%10 等于 4，因此，如果某个数第一次对 10 取余得到个位数后，再除以 10 并对 10 取余，那么将得到原来十位上的数，如 1234/10%10 等于 3，其余类推，可得到整数各位上的数。本例利用无 break 语句的 switch 语句，避免了用带 else if 语句的 if 语句编写程序产生的相对冗长的代码，读者可自行用 if 语句写出程序进行比较。

```c
#include <stdio.h>
int main()
{
    int  a,n;
    scanf("%d", &a);
    if(a>0&&a<100000)
    {
        n=a<10?1:a<100?2:a<1000?3:a<10000?4:a<100000?5:0;
        printf("%d digits, inversed number: ", n);
        switch(n)
        {
            case 5:
                printf("%d", a%10);  a=a/10;
            case 4:
                printf("%d", a%10);  a=a/10;
            case 3:
                printf("%d", a%10);  a=a/10;
            case 2:
                printf("%d", a%10);  a=a/10;
            case 1:
                printf("%d\n", a%10);
        }
    }
```

```
    else printf("The number is not a valid num!\n");
    return 0;
}
```

运行结果为：

```
54321
5 digits, inversed number: 12345
```

【例3-6】 用 switch 语句编写一个可以处理四则运算的程序。

分析：本例使用带 break 语句的 switch 语句。通过对运算符的分析，我们希望对每种运算符的式子执行相匹配的运算，而不执行其他多余的运算，因此每种运算完成后均用 break 语句跳出 switch 语句避免前述情况的发生。

```
#include <stdio.h>
int main()
{
    float  v1,v2;
    char  op;
    printf("Please type your expression: ");
    scanf("%f%c%f", &v1, &op, &v2);
    switch(op)
    {
        case '+':
            printf("%f+%f=%f\n", v1, v2, v1+v2);  break;
        case '-':
            printf("%f-%f=%f\n", v1, v2, v1-v2);  break;
        case '*':
            printf("%f*%f=%f\n", v1, v2, v1*v2);  break;
        case '/':
            if(v2==0)
                printf("division by zero!\n");
            else
                printf("%f/%f=%f\n", v1, v2, v1/v2);
            break;
        default:
            printf("unknown operator.\n");
    }
    return 0;
}
```

运行结果（程序分别执行 4 次）如下：

```
Please type your expression: 2.1+3↓
2.100000+3.000000=5.100000
Please type your expression: 2.1-3
```

```
2.100000-3.000000=-0.900000
Please type your expression: 2.1*3
2.100000*3.000000=6.300000
Please type your expression: 2.1/3
2.100000/3.000000=0.700000
```

例 3-5 和例 3-6 分别是不带 break 语句和带 break 语句的有关 switch 语句的例子，通过实例可以看出，可以利用 switch 语句不带 break 语句的特点编写一些程序特例。

另外，带 break 语句的 switch 语句跟 else if 语句可以处理相同的问题，它们都是多分支选择结构，都需要逐个判断分支条件，当分支条件为真时执行该条件作用域下的语句块。但它们又有所不同，if 语句针对具体问题划分出具体的条件区间，写成 C 语言条件表达式，而 switch 语句则针对某个具体表达式的值展开讨论，尽可能列出所有可能出现的结果分别进行处理。有些问题既可以用 else if 语句处理，也可以用 switch 语句处理，但在写程序时还是要多考虑，才能写出更简单、实用、正确的程序。举个例子，我们要根据学生的分数区间输出相应的等级，90～100 分的等级为 A，80～89 分的等级为 B，70～79 分的等级为 C，60～69 分的等级为 D，低于 60 分的等级为 F，其他情况提示错误字样。定义学生的分数变量为 grade，用 else if 语句可写成如下程序：

```
if(grade>=0&&grade<=100)
    if(grade>=90)       printf("A");
    else if(grade>=80)  printf("B");
    else if(grade>=70)  printf("C");
    else if(grade>=60)  printf("D");
    else    printf("F");
else
    printf("Error");
```

但这个问题如果要用 switch 语句来解决，switch 表达式显然不能简单地写成 switch (grade)，因为 grade 可能出现的值实在太多了。即便分数只能是 0～100 之间的所有整数，根据 grade 的可能出现的常量值进行判断，也需要 101 条 case 语句才能完成，这样会使程序显得太过冗长。观察上面提到的分数区间会发现，每个分数区间除以 10 后得到的结果就是有限的了，用 switch 语句改写的程序如下：

```
if(grade>=0&&grade<=100)
    switch ((int)grade/10)
    {
        case 10:
        case 9:     printf("A");  break;
        case 8:     printf("B");  break;
        case 7:     printf("C");  break;
        case 6:     printf("D");  break;
        default:    printf("F");
    }
else
    printf("Error");
```

可见，对于类似的情况，我们可以采取某些运算让原来 if 语句中的区间表示方法中的变量得到一个或几个固定值，从而可以运用 switch 语句。

3.3　循环结构

C 语言的循环结构也是结构化程序设计的基本成分之一。循环结构解决的问题是在某个条件下，要求程序重复执行某些语句或某个模块。循环的实现一般包括 4 个部分：初始化，条件控制，重复的操作语句，以及通过改变循环变量值最终改变条件的真假值，使循环能正常结束。循环条件所用的表达式，可以是算术表达式、关系表达式、逻辑表达式或最终能得到非 0 值或 0 值的其他任意表达式。重复执行的语句或模块，称为循环体。

C 语言中，实现循环结构主要有以下三种循环语句：

- while 语句
- do-while 语句
- for 语句

此外，C 语言还提供了两个无条件控制语句：break 语句和 continue 语句，这两条辅助语句一般用来控制程序中的某个循环结构是继续执行还是跳出循环结构。

3.3.1　while 语句

while 语句的语法格式如下：

```
while(表达式){
    循环体;
}
```

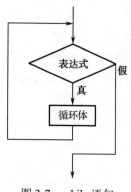

图 3-7　while 语句

当执行 while 语句时，先判断表达式的值，若为非 0（真）值，则执行循环体语句，每执行一次循环体后，都要再判断一下表达式的值，如果仍然是非 0 值，则再一次执行循环体，如此循环，一直到表达式的值为 0（假）时，循环终止，转而执行 while 语句后面的语句。其中，表达式的作用是进行条件判断，通常为关系表达式或逻辑表达式；循环体可以是简单语句也可以是复合语句。while 语句的执行流程如图 3-7 所示。

while 语句先判断条件再执行循环体。因此，while 语句的作用是，当条件成立时，使语句（即循环体）反复执行。为此，在循环体中应该增加对循环变量进行修改的语句，使循环趋于结束，否则将使程序陷入死循环。

【例 3-7】　用 while 语句写一个程序，统计从键盘输入的数字字符出现的次数，并把其中的数字字符依次输出。

```c
#include <stdio.h>
int main()
{
    char c;
    int ct=0;
    while ((c=getchar())!='\n')
```

```
    {
        if(c>='0'&&c<='9')
        {
            ct++;
            printf("%c ", c);
        }
    }
    printf("\nThere are %d digits!\n", ct);
    return 0;
}
```

运行结果为：

```
shanghai12345china5678asian
1 2 3 4 5 5 6 7 8
There are 9 digits!
```

若表达式只用来表示等于零或不等于零的关系时，可以简化成如下形式：

```
while (x!=0)    可写成    while (x)
while (x= =0)   可写成    while (!x)
```

表达式里可以嵌套赋值表达式。例如，while((c=getchar())!='\n')表示从键盘读入一个字符并将它赋给变量 c，然后判断 c 是否是回车符，如果是回车符则中断循环，否则继续读字符并对它重新进行判断。

while 语句中的循环体可以为空语句，也可以为简单语句，或者为复合语句。注意，复合语句一定要用一对花括号{}括起来。下面两条 while 语句是不一样的：前者当 x 成立时，语句不循环执行；后者当 x 成立时，语句循环执行。

```
while(x);    //循环体语句为空语句
{//复合语句
    语句；
}
```

与

```
while(x){    //进入循环
    语句；
}
```

在循环体中，循环变量的值可以被使用，但最好不要对循环变量重新赋值，否则程序有可能陷入死循环。

3.3.2 do-while 语句

do-while 语句的语法格式如下：

```
do{
    循环体；
}while(表达式)；
```

do-while 语句先执行循环体，然后再判断表达式是否成立，若表达式成立，则继续执行循环体，接着重新计算表达式中的值并判断真假，直到表达式的值为 0（假）时，终止循环。所以，无论循环条件的值如何，至少会执行循环体一次。它的执行流程如图 3-8 所示。

do-while 语句适用于先执行循环体，后判断循环条件的情况。它每执行一次循环体后，再判断条件，以决定是否进行下一个循环。

【例 3-8】 编写程序，输入一个 5 位或 5 位以下的正整数，逆序输出该数并计算它是几位数。

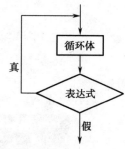

图 3-8 do-while 语句

```
#include <stdio.h>
int main()
{   int  num, n=0;
    printf("Please input the number:");
    scanf("%d", &num);
    printf("Inversed number is: ");
    do
    {
        printf("%d", num%10);
        n++;
    } while(num=num/10);
    printf("\nIt has %d bits.\n", n);
    return 0;
}
```

运行结果为：

```
Please input the number:3453
Inversed number is: 3543
It has 4 bits.
```

此类问题也可以先逆序构成一个数后再输出（假设所有变量已经正确定义）：

```
m=0;    //m 表示 num 的逆序数
while(num){
    m=m*10+num%10;
    num/=10;
    n++;   //n 表示位数
}
```

当然，while 和 do-while 语句可以用来处理同一个问题，但有一点必须注意，while 语句可以一次也不执行循环体（循环条件一开始就不满足时），而 do-while 语句则不同，程序执行到 do-while 语句时，至少要执行一次循环体后才会去判断循环条件。所以在使用这两种循环语句相互替代时，应考虑它们的异同。

3.3.3 for 语句

for 语句的语法格式如下：

```
for (表达式1;表达式2;表达式3){
    循环体;
}
```

for 后面括号内的三个表达式用分号隔开，它们的功能分别是：

表达式 1 为初始化表达式，通常用来设定循环变量的初值或者循环体中任何变量的初值，可用逗号作为分隔符设置多个变量的值。

表达式 2 为循环条件表达式。

表达式 3 为增量表达式。执行一次循环体后，要求解一次增量表达式的值，目的是对循环条件表达式产生影响，使得循环条件表达式的值可能产生变化，从而终止循环的执行。表达式 3 也可以写成以逗号分隔的多个表达式，也可以包含一些本来可以放在循环体中执行的其他表达式。

for 语句的执行过程如图 3-9 所示。从流程图中可以看出，首先求表达式 1 的值，而后判断表达式 2 的值是真还是假，如果表达式 2 的值为真，则执行循环体后再去求表达式 3 的值，接着重新判断表达式 2 的值是真还是假，如此循环直到表达式 2 的值为假时，立即终止循环而继续执行循环结构外面的语句。

【例 3-9】 求 1～100 间奇数之和，即求 1+3+5+…+99。

```
#include "stdio.h"
int main()
{
    int sum=0,i;
    for(i=1;i<=100;i++)
      if(i%2!=0)
          sum+=i;
    printf("sum=%d\n", sum);
    return 0;
}
```

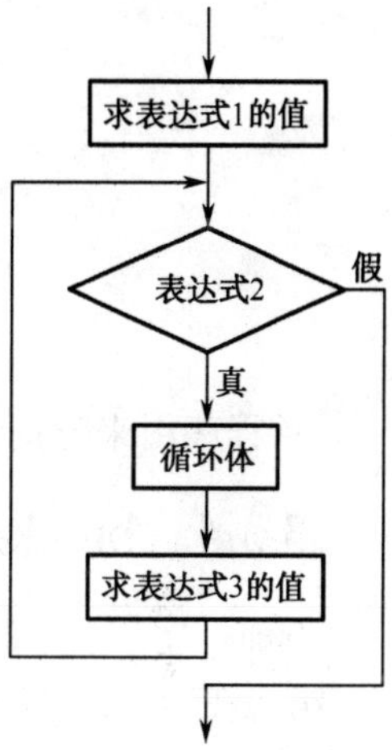

运行结果为：

```
sum=2500
```

图 3-9　for 语句

从 for 语句的流程图可以看出，for 语句中表达式 1 的初始化工作是在执行循环之前完成的，因此可以写在 for 的前面；而表达式 3 即增量表达式在每次执行完循环体后再求值，因此可以写到循环体后面，即 for 语句可以写成如下形式：

```
表达式1
for(;表达式2;)
{
    语句                  //原循环体
    表达式3
}
```

因此，求解 1～100 间奇数之和的算法可以转换成：

```
#include <stdio.h>
int main()
{
```

```
int sum=0;
int i=1;
for(;i<=100;)
{
    if(i%2!=0)
        sum+=i;
    i++;
}
printf("sum=%d\n", sum);
return 0;
}
```

虽然 while 语句与 for 语句可以完全相互替换，但 while 语句更倾向于用来表示循环次数未知的情况，而 for 语句更倾向于用来实现带步长的循环，故也称为计数循环。

另外，for 语句的表达式 1 和表达式 3 可以是逗号表达式，用来设置多个变量的值或求解多个增量表达式，例如：

```
int i, j, s1=0, s2=0, n;
for(i=1, j=2, n=0; n<=20; n++, i+=2, j+=2)
{
    s1+=i;
    s2+=j;
}
```

该程序用来分别计算正整数的前 20 个偶数之和以及前 20 个奇数之和。

3.3.4 break 语句与 continue 语句

break 语句由关键字 break 后加分号（;）组成。在这里，break 语句被用在循环结构中，其作用是跳出它所在的循环体，提前结束循环，使程序的执行流程无条件地转移到循环结构的下一条语句继续执行。例如，for(;;)语句中表达式 2 位置上为空，它表示条件永远为真，所以在循环体中添加一句 if 语句使得条件满足时执行 break 语句，让程序能够在适当的时候结束循环。需要说明的是，虽然 for 语句中的表达式都是可以省略的，但为了保持语法结构的完整性，分号不能省。

continue 语句由 continue 后面加分号（;）构成，它的作用是结束本次循环，使程序回到循环条件处，判断是否提前进入下一次循环。注意，continue 语句用在 for 语句中将转去执行表达式 3。

需要注意 break 语句与 continue 语句之间的区别，continue 语句只结束本次循环，而不是终止整个循环的执行；而 break 语句则是结束循环，不再进行条件判断。有以下两种循环结构：

```
(1)                                     (2)
while(表达式1)                           while(表达式1)
{                                       {
    语句1;                                  语句1;
    if(表达式2)  break;                      if(表达式2)  continue;
    语句2;                                  语句2;
}                                       }
```

在循环结构（1）中，如果表达式 2 成立，则执行 break 语句，并且不再判断表达式 1 是否成立，直接跳出 while 循环。在循环结构（2）中，如果表达式 2 成立，则执行 continue 语句，意味着当前循环中的语句 2 被跳过，需要重新判断表达式 1 是否成立，以决定循环是否继续。

3.3.5 循环结构的嵌套

在一个循环体内又包含另一个或多个完整的循环结构，称为嵌套循环。例如，for 语句的二层嵌套循环结构语法如下：

```
for(i=0; i<n; i++)
    for(j=0; j<m; j++)
        语句;
```

在这个程序段中，外层循环一共循环 n 次，内层循环则循环 $m \times n$ 次。内层循环体的增量总是比外层循环体的增量变化得"快"一些。

再如，用 for 语句嵌套的三层循环结构语法如下：

```
for(i=0; i<n; i++)
    for(j=0; j<m; j++)
        for(k=0; k<l; k++)
            语句;
```

在这个程序段中，外层循环一共循环 n 次，中间层内循环则循环 $m \times n$ 次，最内层循环则循环 $m \times n \times l$ 次。

【例 3-10】 输入 n，计算 $n \times n$ 的乘法表。

```c
#include <stdio.h>
int main(){
    int i,j,n;
    scanf("%d",&n);
    for(i=1;i<=n;i++){
        for(j=1;j<=n;j++)
            printf("%4d",i*j);      //计算 i*j 的值
        printf("\n");               //回车换行
    }
    return 0;
}
```

运行结果为：

```
1    2    3    4    5    6    7    8    9
2    4    6    8   10   12   14   16   18
3    6    9   12   15   18   21   24   27
4    8   12   16   20   24   28   32   36
5   10   15   20   25   30   35   40   45
6   12   18   24   30   36   42   48   54
7   14   21   28   35   42   49   56   63
8   16   24   32   40   48   56   64   72
9   18   27   36   45   54   63   72   81
```

分析：这是两重循环，i 为外层循环变量，j 为内层循环变量。首先，i 固定在一个数值上，

然后执行内层循环，j 变化一个轮次。i+1 后，重新执行内层循环，j 再变化一个轮次。因此，内、外层循环变量不能相同，本程序中分别用 i 和 j。语句 "printf("%4d",i*j);" 一共执行了 $n×n$ 次。但如果修改两重循环如下：

```c
for(i=1;i<=n;i++){
    for(j=1;j<=i;j++)
        printf("%4d",i*j);   //计算 i*j 的值
    printf("\n");            //回车换行
}
```

语句 "printf("%4d",i*j);" 将一共执行 $1+2+\cdots+n$ 次，主要是内层循环 j<=i 条件起到了限制作用。读者可自行修改程序并查看运行结果。

【例 3-11】 计算 1!+2!+3!+…+100!的值，要求使用嵌套循环。

```c
#include <stdio.h>
int main(){
    int i,j;
    double item, sum;
    sum=0;
    for(i=1;i<=100;i++){
        item=1;
        for(j=1;j<=i;j++)
            item=item*j;
        sum=sum+item;
    }
    printf("1!+2!+3!+…+100!=%e\n",sum);
    return 0;
}
```

运行结果为：

```
1!+2!+3!+…+100!=9.426900e+157
```

在累加求和的外层 for 语句循环体中，每次计算 i 的阶乘之前，都需要重置 item 的初值为 1，以保证每次计算阶乘都从 1 开始连乘。

但是，如果把程序中的嵌套循环写成如下形式：

```c
item=1;
for(i=1;i<=100;i++){
    for(j=1;j<=i;j++)
        item=item*j;
    sum=sum+item;
}
```

由于将 item=1 放在外层循环之前，除计算 1!时 item 从 1 开始外,计算其他阶乘都是用原 item 值乘以新的阶乘值。这样，最后求出的累加和是：1! + 1!×2! + 1!×2!×3! + … + 1!×2!×…×100!。出错的原因是循环初始化语句被放错了位置，混淆了外层循环变量和内层循环变量的初始化。

在实际编程时，使用多重循环结构注意事项如下。

（1）内层循环必须完整地嵌套在外层循环内，两者不允许相互交叉。例如：

```
for(i=0; i<10; i++)
    for(j=0; j<5; j++)
        printf("i=%d,j=%d \n", i, j);
```

是正确的。而下面代码则是错误的：

```
i=0;
while(i<10)
{
    j=0;
    while(j<5)
    {
        printf("i=%d,j=%d \n", i, j);
        i++;  //这里错误，应为j++
    }
    j++;   //这里错误,应为i++
}
```

（2）并列的循环变量可以同名，但嵌套循环变量不允许同名。例如：

```
for(i=0;i<10;i++)
{
    for(j=0;j<5;j++)
    //与下面的 for 语句里的循环变量同名但与上一层循环变量不同名
        printf("i=%d,j=%d\n", i, j);
    for(j=10; j<15; j++)
        printf("i=%d,j=%d\n", i, j);
}
```

（3）三种循环语句可以相互嵌套，但不允许交叉。例如：

```
for (i=0;i<10;i++)    //for 语句和 while 语句相互嵌套
{
    j=0;
    while(j<5)
    {
        printf("i=%d,j=%d\n", i, j);
        j++;
    }
}
```

（4）选择结构和循环结构彼此之间可以相互嵌套。例如：

```
for(i=1;i<=5;i++)
{
    switch (i)
```

```
{
    case 1: printf("*"); break;
    case 2:
    case 3: printf("***"); break;
    case 4:
    default: printf("*****")
}
}
```

（5）可以用 break 语句从内层循环跳转到外层循环，但不允许从外层循环跳转到内层循环。例如：

```
for(i=1; i<=10; ++)
{
    for(j=1, s=0; j<=100; j++)
    {
        s=s+j+i;
        if(s>200)  break;   //从内层循环跳转到外层循环
    }
    printf("i=%d,j=%d,s=%d\n", i, j, s);
}
```

（6）continue 语句处于多重循环中时，仅仅影响包含它的循环语句。例如：

```
for(i=1; i<10; i++)
{
    for(j=1, s=0; j<100; j++)
    {
        if(j%2==0)  continue;    //只影响 j 所在的循环语句
        s=s+j+i;
    }
    printf("i=%d,j=%d,s=%d\n", i, j, s);
}
```

3.3.6 典型例题

【例 3-12】 水仙花数。输入两个正整数 m 和 n（$m \geq 1$，$n \leq 1000$），输出 $m \sim n$ 之间的所有水仙花数。水仙花数是指各位上数字的立方和等于其自身的数。例如，153 的各位上数字的立方和是 $1^3+5^3+3^3=153$。

```
#include <stdio.h>
int main()
{
    int i,t,s,m,n,digit;
    printf("Input m: ");
    scanf("%d",&m);
```

```
    printf("Input n: ");
    scanf("%d",&n);
    for (i=m;i<=n;i++)
    {
        t=i;
        s=0;
        while(t!=0)
        {
            digit=t%10;
            s+=digit*digit*digit;
            t=t/10;
        }
        if (s==i)
            printf("%d\n",i);
    }
    return 0;
}
```

运行结果为：

```
Input m: 1
Input n: 999
1
153
370
371
407
```

【例3-13】 验证哥德巴赫猜想：任何一个大于2的偶数均可表示为两个素数之和。例如，4=2+2，6=3+3，8=3+5，…。要求：将6～100之间的偶数都表示为两个素数之和，输出时一行5组。若有多组结果满足条件，则输出第一个被加素数最小的情况，例如，14=3+11和14=7+7，输出前一种情况。

```
#include <stdio.h>
#include <math.h>
int main()
{
    int i,k,m,n,flagm,flagn,count;
    count=0;
    for (i=3;i<=50;i++)
    {
        m=1;
        do
        {
            m=m+1;
            n=2*i-m;
```

```
            flagm=1;
            flagn=1;
            for(k=2;k<=(int)(sqrt(m));k++)
            {
                if(m%k==0)
                {
                    flagm=0;
                    break;
                }
            }
            for(k=2;k<=(int)(sqrt(n));k++)
            {
                if(n%k==0)
                {
                    flagn=0;
                    break;
                }
            }
        }while(flagm*flagn==0);
        count++;
        printf("%4d=%2d+%2d",2*i,m,n);
        if(count%5==0)
            printf("\n");
    }
    printf("\n");
    return 0;
}
```
运行结果为：

```
  6= 3+ 3    8= 3+ 5   10= 3+ 7   12= 5+ 7   14= 3+11
 16= 3+13   18= 5+13   20= 3+17   22= 3+19   24= 5+19
 26= 3+23   28= 5+23   30= 7+23   32= 3+29   34= 3+31
 36= 5+31   38= 7+31   40= 3+37   42= 5+37   44= 3+41
 46= 3+43   48= 5+43   50= 3+47   52= 5+47   54= 7+47
 56= 3+53   58= 5+53   60= 7+53   62= 3+59   64= 3+61
 66= 5+61   68= 7+61   70= 3+67   72= 5+67   74= 3+71
 76= 3+73   78= 5+73   80= 7+73   82= 3+79   84= 5+79
 86= 3+83   88= 5+83   90= 7+83   92= 3+89   94= 5+89
 96= 7+89   98=19+79  100= 3+97
```

【例 3-14】 自守数，也称同构数，是指一个数的平方的尾数等于该数自身的自然数。例如，5、25 和 76 是自守数，因为 5×5=25，25×25=625，76×76=5776，其平方后的尾数等于自身。任意输入一个自然数，判断是否为自守数并输出 Yes 或 No。

```
#include <stdio.h>
int main()
```

```
{
    int i,n;
    printf("输入一个整数:");
    scanf("%d",&n);
    i=1;
    while(i<=n)  i*=10;
    if(n*n%i==n)
        printf("Yes\n");
    else
        printf("No\n");
    return 0;
}
```

运行结果为:

```
输入一个整数:76
Yes
```

【例 3-15】 编写程序判断整数 m 是否为素数。

分析：素数也就是质数，它的特点是，除 1 和它本身外，不能被其他任何数整除。在本例中，如果 m 是素数，那么在[2,m-1]区间中的所有整数都不能被 m 整除。只要有一个数能被它整除，其他的数不必再验证，就可以确定 m 一定不是素数。

```
#include <stdio.h>
int main()
{
    int  m, i;
    scanf("%d",&m);
    for (i=2;i<m;i++)
        if(m%i==0) break;       //i 能否整除 m
    if(i==m)                    //表明上面的循环已结束，没有一个数能被 m 整除
        printf("%d is a prime number.\n", m);
    else
        printf("%d is not a prime number.\n", m);
    return 0;
}
```

运行结果为:

```
1999
1999 is a prime number.
```

【例 3-16】 最大公约数与最小公倍数。输入两个数 n 和 m，计算 n 和 m 的最大公约数与最小公倍数。

分析：该算法可采用数学中的"辗转相除法"。例如，求 224 和 35 的最大公约数，把 224 作为被除数，35 作为除数，得余数 14，把上次的除数 35 作为本次的被除数，上次的余数 14 作为本次的除数，得余数 7，重复上述步骤，被除数为 14，除数为 7，余数为 0。当余数为 0

时，结束计算，最后一次的除数 7 便是要求的最大公约数。求最小公倍数的数学公式如下：

最小公倍数=两数乘积÷最大公约数

程序如下：

```c
#include <stdio.h>
int main()
{
    int a, b, num1, num2, temp;
    printf("Please input two integer numbers:\n");
    scanf("%d%d", &num1, &num2);
    while (num1<1||num2<1)
    {
        printf("Input isn't correct. Please input again:\n");
        scanf("%d%d", &num1, &num2);
    }
    a=num1; b=num2;
    while (b!=0)
    {
        temp=a%b;
        a=b;
        b=temp;
    }
    printf("The largest common divisor:%d\n", a);
    printf("The least common multiple:%d\n", num1*num2/a);
    return 0;
}
```

运行结果为：

```
Please input two integer numbers: 10 28↓
The largest common divisor:2
The least common multiple:140
```

求解这个问题还有一种更简单的方法（穷举法）：假设这两个整数用 a 和 b 表示，m 表示 a、b 中较小的数，那么 a 和 b 的最大公约数一定是 $1\sim m$ 之间的某个整数，从 m 开始以步长为 1 递减，看 m 能否同时被 a 和 b 整除。若能整除，则 m 一定是它们的最大公约数。程序如下：

```c
#include <stdio.h>
int main()
{
    int a, b, m;
    scanf("%d%d", &a, &b);
    while (a<1||b<1)
    {
        printf("Input isn't correct. Please input again:\n");
```

```
        scanf("%d%d", &a, &b);
    }
    for (m=(a<b?a:b);  ; m--)
        if (a%m==0&&b%m==0)   break;
    printf("Largest common divisor:%d\n", m);
    printf("Least common multiple:%d\n", a*b/m);
    return 0;
}
```

【例 3-17】 输出以下图形（输入行数为 4）：

```
        *
       * * *
      * * * * *
     * * * * * * *
      * * * * *
       * * *
        *
```

程序如下：

```
//图形打印
#include <stdio.h>
int main(){
    int i,j;
    int n;
    scanf("%d",&n);      //输入行数 n
    for(i=1;i<=n;i++){
        for (j=1;j<=n-i;j++)
            printf(" ");
        for (j=1;j<=2*i-1;j++)
            printf("*");
        printf("\n");
    }
    for(i=1;i<n;i++){
        for (j=1;j<=i;j++)
            printf(" ");
        for (j=1;j<=2*(n-i)-1;j++)
            printf("*");
        printf("\n");
    }
    return 0;
}
```

【例 3-18】 按下述形式输出九九乘法表。

```
1*1=1
2*1=2    2*2=4
3*1=3    3*2=6    3*3=9
4*1=4    4*2=8    4*3=12   4*4=16
5*1=5    5*2=10   5*3=15   5*4=20   5*5=25
6*1=6    6*2=12   6*3=18   6*4=24   6*5=30   6*6=36
7*1=7    7*2=14   7*3=21   7*4=28   7*5=35   7*6=42   7*7=49
8*1=8    8*2=16   8*3=24   8*4=32   8*5=40   8*6=48   8*7=56   8*8=64
9*1=9    9*2=18   9*3=27   9*4=36   9*5=45   9*6=54   9*7=63   9*8=72   9*9=81
```

分析：该九九表为一个 9 行 9 列呈阶梯状的图表。按行观察，每行的两个乘数中的第二个数字均相同；按列观察，每列的两个乘数中的第二个数字均相同。并且，每行最末一列两个数字相同，也就是说，每行的数学等式的个数与行数是相等的，即第 1 行有 1 个式子，第 2 行有 2 个式子，……，第 9 行有 9 个式子。由于计算机通常是按行输出的，因此，可以利用双重循环来写程序：外层循环控制行数，共 9 行；内层循环控制列数，由当前的行数决定列数的变化。

程序如下：

```c
#include <stdio.h>
int main()
{
    int  i, j;
    for (i=1; i<=9; i++)
    {
        for (j=1; j<=i; j++)
            printf("%d*%d=%-4d", i, j, i*j);
        printf("\n");
    }
    return 0;
}
```

3.4 其他常用解题方法

3.4.1 顺推法

【例 3-19】 累加。输入 n 个整数，计算平均值。

```c
#include <stdio.h>
int main()
{
    int n,i,number;
    double avg,sum=0;
    scanf("%d",&n);
    for(i=0;i<n;i++)
    {
```

```
        scanf("%d",&number);
        sum+=number;
    }
    avg=sum/n;
    printf("%lf",avg);
    return 0;
}
```
运行结果为:

```
5
12 42 36 31 8
25.800000
```

【例 3-20】 累乘。计算 $x = 1 + \dfrac{1}{1! \times 2!} + \dfrac{1}{1! \times 2! \times 3!} + \cdots + \dfrac{1}{1! \times 2! \times 3! \times \cdots \times 100!}$ 的值。

```
#include <stdio.h>
int main(){
    int i,j;
    double item, sum;
    sum=0;
    item=1;
    for(i=1;i<=100;i++){
        for(j=1;j<=i;j++)
            item=item*j;
        sum=sum+1/item;
    }
    printf("sum=%lf\n",sum);
    return 0;
}
```
运行结果为:

```
sum=1.586835
```

3.4.2 逆推法

【例 3-21】 猴子吃桃。猴子第一天摘下若干个桃子,当即吃了一半,还不过瘾,又多吃了一个。第二天早上将剩下的桃子吃掉一半,又多吃了一个。以后每天早上都吃掉前一天剩下的一半再加一个。到第 n 天时,只剩下一个桃子了。问第一天共摘了多少桃子?

```
#include <stdio.h>
int main()
{
    int i, peach,n;
```

```
    peach =1;
    scanf("%d",&n);//输入天数
    for(i=1;i<n;i++)
    {
        peach=(peach+1)*2;
    }
    printf("%d\n",peach);
    return 0;
}
```

运行结果为：

3.4.3　迭代法

【例3-22】　上楼梯的走法。楼梯有 n 个台阶，上楼可以1步上1个台阶，也可以1步上2个台阶。编程计算共有多少种不同的走法。

分析：设 n 个台阶的走法数为 $f(n)$ 种。如果只有1个台阶，则走法有1种（1步上1个台阶），即 $f(1)=1$。如果有2个台阶，则走法有2种（一种是上1个台阶，再上1个台阶，另一种是1步上2个台阶），即 $f(2)=2$。当有 n 个台阶（$n>3$）时，我们缩小问题规模，可以这样想：最后是一步上1个台阶的话，之前上了 $n-1$ 个台阶，走法为 $f(n-1)$ 种，而最后是一步上2个台阶的话，之前上了 $n-2$ 个台阶，走法为 $f(n-2)$ 种，故 $f(n)=f(n-1)+f(n-2)$，属迭代法。

程序如下：

```
#include <stdio.h>
int main()
{
    int i,n,n1,n2,n3;//其中n1和n2分别代表f(n-1)种走法和f(n-2)种走法
    n1=1;
    n2=2;
    printf("Input n=");
    scanf("%d",&n);
    if(n==1)
    {
        printf("%d plans",n1);
        return 0;
    }
    else if(n==2)
    {
        printf("%d plans",n2);
        return 0;
    }
```

```
        else
        {
            for(i=3; i<=n; i++)
            {
                n3=n1+n2;
                n1=n2;
                n2=n3;
            }
            printf("%d plans",n3);
        }
        return 0;
    }
```

运行结果为：

```
Input n=15
987 plans
```

【例 3-23】 用牛顿迭代法求方程 $2x^3-4x^2+3x-6=0$ 在 1.5 附近的根。

```
#include<stdio.h>
#include<math.h>
int main()
{
    float x1,x,f1,f2;
    static int count=0;
    x1=1.5//定义初值
    do
    {
        x=x1;
        f1=x*(2*x*x-4*x+3)-6;
        f2=6*x*x-8*x+3;//对函数 f1 求导
        x1=x-f1/f2;
        count++;
    }while(fabs(x1-x)>1e-5);
    printf("%8.7f\n",x1);
    printf("%d\n",count);
    return 0;
}
```

运行结果为：

```
2.0000000
5
```

表示根为 2，迭代 5 次。

【例 3-24】 用二分法求方程 $x^3+4x^2-10=0$ 的根。

分析：观察方程，设两个变量 x_1 和 x_2，使代数式 $f(x_1)$ 与 $f(x_2)$ 的值符号相反（本题中可取 1 和 4），则方程 $f(x)=0$ 在 $[x_1,x_2]$ 区间内肯定有根；若 $f(x)$ 在 $[x_1,x_2]$ 区间内单调，则至少有一个实根；重新设一个变量 x，取 $x=(x_1+x_2)/2$，并在 x_1 和 x_2 中舍去与 $f(x)$ 同号者，那么解就在 x 和另外那个没有舍去的点组成的区间内；如此反复取舍，直到 x_n 与 x_{n-1} 非常接近时，那么 x 便是方程 $f(x)$ 的近似根。效果如图 3-10 所示。

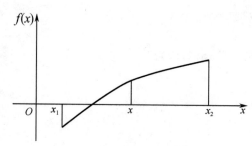

图 3-10　用二分法求方程的根

算法描述如下：

```
while (误差>给定误差)
    if (f(x) == 0)
        x 就是根，不再迭代；
    else if (f(x)*f(x1)<0)
        x2=x;
    else
        x1=x;
```

程序如下：

```c
#include <stdio.h>
#include <math.h>
int main()
{
    float  x1=1.0, x2=4.0, x, f, f1;
    f1=x1*x1*x1+4*x1*x1-10;
    while(fabs(x2-x1)>1e-6)
    {
        x=(x1+x2)/2;
        f=x*x*x+4*x*x-10;
        if (f1*f<0)
            x2=x;
        else
            x1=x;
    }
```

```
        printf("The root is: %f\n",x);
        return 0;
    }
```
运行结果为：

```
The root is: 1.365230
```

【例 3-25】 Fibonacci 数列。有一对小兔子，从出生后第 3 个月起每个月都生一对小兔子。小兔子长到第 3 个月后每个月又生一对小兔子。按此规律，假设没有兔子死亡，第 1 个月有一对刚出生的小兔子，问第 n 个月有多少对兔子？

分析：第 1 个月和第 2 个月小兔子没有繁殖能力，所以还是一对。第 3 个月后，生下一对小兔子，共有两对。三个月以后，老兔子又生下一对，因为小兔子还没有繁殖能力，所以一共是三对。可以看出来，这是一个 Fibonacci 数列：1, 1, 2, 3, 5, 8…。Fibonacci 数列是数学上的一个“递推”的例子，分析参考例 1-5。

本例设 Fibonacci 数列由 $x_1, x_2, \cdots, x_n$ 组成，由它的定义可知：
$$x_1 = 1；\ x_2 = 1；\ x_3 = x_1 + x_2；\ x_4 = x_2 + x_3；\ \cdots；\ x_n = x_{n-2} + x_{n-1}$$

为此，我们定义三个整型变量：x1,x2,x3。令第 1 个数 x1=1，第 2 个数 x2=1，则第 3 个数 x3=x1+x2；之后，不再需要第 1 个数，令 x1=x2，x2=x3，求出第 4 个数 x3=x1+x2……如此循环，即可求出 Fibonacci 数列各项的值。

程序如下：

```
    #include <stdio.h>
    int main()
    {
        long int x1, x2, x3;
        int i;
        x1=x2=1;
        printf("%6ld %6ld", x1, x2);
        for (i=3; i<=20; i++)
        {
            x3=x1+x2;
            printf("%6ld", x3);
            if (i%5==0)  printf("\n");
            x1=x2;
            x2=x3;
        }
        return 0;
    }
```
运行结果为：

```
    1        1        2        3        5
    8       13       21       34       55
   89      144      233      377      610
  987     1597     2584     4181     6765
```

3.4.4　穷举法

【例 3-26】 求解例 1-4 百钱买百鸡问题。
分析: 具体分析见例 1-4。
程序如下:

```c
#include <stdio.h>
int main()
{
    int  x, y, z;
    for (x=0;x<=100;x++)
        for (y=0;y<=100;y++)
        {
            z=100-x-y;
            if (15*x+9*y+z==300)
                printf("x=%-5d y=%-5d z=%-5d\n", x, y, z);
        }
    return 0;
}
```

运行结果为:

```
x=0        y=25       z=75
x=4        y=18       z=78
x=8        y=11       z=81
x=12       y=4        z=84
```

本例中,内层循环体执行次数为 101×101=10201。但是,由于公鸡 5 钱一只,百钱买百鸡,因此 x 不可能超过 20,因为若用 100 钱买了 20 只公鸡后就不能买别的鸡了,鸡的总数不对;同理,y 不可能超过 33。所以本例中的两个 for 循环条件:x<=100 可改成 x<20,y<=100 可改成 y<=33。这样内层循环体执行次数为 20×34=680,程序效率大大提高。所以在设计程序时,对所用的参数值要仔细考虑,以提高程序效率。另外,本例 if 语句中的条件表达式改进了方程 $5x+3y+z/3=100$,避免了鸡的只数为小数的情况。

【例 3-27】 渔夫分鱼。5 个渔夫(A,B,C,D,E)夜间合伙捕鱼,凌晨都疲惫不堪,各自在草丛中熟睡。第二天清晨:

A 先醒来,他把鱼均分为 5 份,把多余的一条扔回湖中,便拿了自己的一份回家;

B 醒来后,他不知道 A 已经分完鱼了,就又把鱼均分为 5 份,把多余的一条扔回湖中,便拿了自己的一份回家;

C,D,E 也按同样方法分鱼。问 5 人至少捕到多少条鱼?

```
#include <stdio.h>
#include <stdlib.h>
int main()
{
    int i,j,sum;
    for(i=6;;i++)
    {
        sum=i;
        for(j=0;j<5;j++)
        {
            if(sum%5==1&&sum>1)
                sum=(sum-(sum/5))-1;
            else
                break;
        }
        if(sum%4==0&&j==5)
        {
            printf("至少要捕%d\n",i);
            break;
        }
    }
    return 0;
}
```

运行结果为：

至少要捕3121

【例 3-28】 比赛分组（穷举法）。两个乒乓球队进行比赛，各出三人。甲队为 a, b, c 三人，乙队为 x, y, z 三人。已抽签决定比赛名单。有人向队员打听比赛的名单。a 说他不和 x 比，c 说他不和 x, z 比，请编写程序找出比赛名单。

```
#include <stdio.h>
int main()
{
    char i,j,k;//i 是 a 的对手，j 是 b 的对手，k 是 c 的对手*/
    for(i='x';i<='z';i++)
        for(j='x';j<='z';j++){
            if(i!=j)
                for(k='x';k<='z';k++){
                    if(i!=k&&j!=k){
                        if(i!='x'&&k!='x'&&k!='z')
                            printf("order is a--%c\tb--%c\tc--%c\n",i,j,k);
                    }
```

```
            }
        }
        return 0;
    }
```
运行结果为：

order is a--z   b--x   c--y

3.5 小结

1）三种程序结构：顺序、分支、循环的不同语法。

2）使用条件语句来实现选择，它们根据条件判断的结果选择所要执行的程序分支，其中条件可以用表达式来描述，如关系表达式和逻辑表达式。

3）要构成一个有效的循环，应当指定两项内容：需要重复执行的操作和循环结束条件。

4）注意 while 和 do-while 语句是不同的。如果循环体中有多于一条语句，应当把循环体中的多条语句用{}括起来，形成复合语句，否则系统认为循环体中只有一条简单的语句。

5）合理使用 break 和 continue 语句处理多循环条件。break 语句将结束整个循环过程，不再判断执行循环的条件是否成立。而 continue 语句只结束本次循环，而不是终止整个循环的执行。

6）循环可以嵌套。在一个循环体中可以包含另外一个完整的循环结构。三种循环语句可以相互嵌套，即任一条循环语句可以成为任一个循环结构中循环体的一部分。

综合练习题

1．输出下一秒。

【问题描述】编写一个程序，输出当前时间的下一秒。

【输入形式】用户在第一行按照“小时:分钟:秒”的格式输入一个时间。

【输出形式】程序在下一行输出这个时间的下一秒。

【样例输入】

23:59:59

【样例输出】

00:00:00

【样例说明】用户按照格式要求输入时间，程序输出此时间的下一秒，输出时每个数字占两位，高位补 0。

2．时钟指针角度。

【问题描述】

普通时钟都有时针和分针。在任意时刻，时针和分针都有一个夹角，并且假设时针和分针都是连续移动的。现已知当前的时刻，试求出在该时刻时针和分针的夹角 A（$0° \leqslant A \leqslant 180°$）。

注意：当分针处于 0 分和 59 分之间时，时针相对于该小时的起始位置也有一个偏移角度。

【输入形式】

从标准输入读取一行，是一个 24 小时制的时间。格式是以冒号（:）分隔的两个整数 m（$0 \leqslant m \leqslant 23$）和 n（$0 \leqslant n \leqslant 59$），其中，$m$ 表示时，n 表示分。

【输出形式】

向标准输出打印结果。输出一个浮点数，是时针和分针夹角的角度值。该浮点数保留三位小数。

【样例输入】

8:10

【样例输出】

175.000

【样例说明】8:10 这个时刻时针与秒针的夹角是 175.000°。

3．球的反弹高度。

【问题描述】

已知一球从高空落下时，每次落地后反弹至原高度的四分之一再落下。编写程序，从键盘输入整数 *n* 和 *m*，求该球从 *n* 米的高空落下后，第 *m* 次落地时经过的全部路程以及第 *m* 次落地后反弹的高度，并输出结果。

【输入形式】

从键盘输入整数 *n* 和 *m*，以空格隔开。

【输出形式】

输出两行：

第一行输出总路程，结果保留两位小数。

第二行输出第 *m* 次落地后反弹的高度，结果保留两位小数。

【样例输入】

40 3

【样例输出】

65.00

0.63

4．统计字符个数。

【问题描述】

输入 10 个字符，统计其中英文字母、空格或回车符、数字字符和其他字符的个数。

【输入形式】

从键盘输入 10 个字符。

【输出形式】

各字符个数。

【样例输入】（下画线部分表示输入）

Input 10 characters: Shuer 123?

【样例输出】

letter=5,blank=1,digit=3,other=1

【样例说明】

输入提示符后要加一个空格。例如，"Input 10 characters: "中的":"后要加一个且只能有一个空格。

输出语句的"="两边无空格。

英文字母区分大小写。必须严格按样例输出格式打印。

5．最大公约数和最小公倍数。

【问题描述】

输入两个正整数 a 和 b（$0 \leqslant a,b \leqslant 1000000$），求其最大公约数和最小公倍数并输出。

【输入形式】从标准输入读取一行，是两个整数 a 和 b，以空格分隔

【输出形式】向标准输出打印以空格分隔的两个整数，分别是 a、b 的最大公约数和最小公倍数。在输出末尾要有一个回车符。

【样例输入】

    12 18

【样例输出】

    6 36

【样例说明】12 和 18 的最大公约数是 6，最小公倍数是 36。

6．换钱的交易。

【问题描述】

一个百万富翁碰到一个陌生人，陌生人找他谈了一个换钱的计划。该计划如下：我每天给你 10 万元，而你第一天给我 1 分钱，第二天我仍给你 10 万元，你给我 2 分钱，第三天我仍给你 10 万元，你给我 4 分钱。你每天给我的钱是前一天的两倍，直到满 n（$0 \leqslant n \leqslant 30$）天。百万富翁非常高兴，欣然接受了这个契约。编写一个程序，计算这 n 天中，陌生人给了富翁多少钱，富翁给了陌生人多少钱。

【输入形式】输入天数 n（$0 \leqslant n \leqslant 30$）。

【输出形式】控制台输出。分行给出这 n 天中，陌生人所付出的钱和富翁所付出的钱。输出舍弃小数部分，取整。

【样例输入】

    30

【样例输出】

    3000000

    1073741823

【样例说明】两人交易了 30 天，陌生人给了富翁 3000000 元，富翁给了陌生人 1073741823 元。

7．兑换钱币。

【问题描述】

对于给定的人民币金额 n（单位为分），问有多少种方案将其兑换成 1 分、2 分、5 分的组合。

【输入形式】

输入数据有若干行。每行中有一个正整数表示以分为单位的人民币金额 n，对应一种情形。

【输出形式】

对于每种情形，先输出 "Case #:"（#为序号，从 1 起），然后依次输出 n，逗号，结果，最后换行。

【样例输入】

    10

    100

    150

```
Case 1: 10, 10
Case 2: 100, 541
Case 3: 150, 1186
```

8．$\sin x$ 计算公式。

【问题描述】

已知 $\sin x$ 的近似计算公式如下：

$$\sin x = x - x^3/3! + x^5/5! - x^7/7! + \cdots + (-1)^{n-1}x^{2n-1}/(2n-1)!$$

式中，x 为弧度，n 为正整数。编写程序根据用户输入的 x 和 n，利用上述公式计算 $\sin x$ 的近似值。结果保留 8 位小数。

【输入形式】

从控制台输入小数 x（$0 \leqslant x \leqslant 20$）和整数 n（$1 \leqslant n \leqslant 5000$），两数中间用空格分隔。

【输出形式】

从控制台输出计算结果，保留 8 位小数。

【样例输入 1】
```
0.5236 4
```

【样例输出 1】
```
0.50000105
```

【样例输入 2】
```
0.5236 50
```

【样例输出 2】
```
0.50000106
```

【样例说明】

输入 x 为 0.5236，n 为 4，求得 $\sin x$ 近似值为 0.50000105；同样，输入 x 为 0.5236，n 为 50，求得 $\sin x$ 近似值为 0.50000106。

注意：为保证数据的准确性和一致性，应使用 double 型数据保存计算结果。

9．求同构数

【问题描述】

设 b 是 a 的平方，若 a 与 b 的尾部相同，则称 a 是同构数。例如，5 的平方是 25，所以 5 是同构数，25 也是同构数。

编写程序满足如下要求：

输入两个整数 m 和 n，找出 m、n 之间全部的同构数（包括 m 和 n 本身）。

【输入形式】

从控制台输入数据范围的下限 m 和上限 n，要求 m 和 n 都为整数，m 和 n 之间用一个空格分隔。

【输出形式】

在屏幕上按照由小到大的顺序输出所有同构数，每个整数占一行。若在该范围内没有同构数，则输出字符串 No Answer。

【样例输入 1】
```
0 30
```

　　0

　　1

　　5

　　6

　　25

【样例说明 1】

在 0~30 之间的同构数有 0, 1, 5, 6, 25。

【样例输入 2】
　　100 200

【样例输出 2】
　　No Answer

【样例说明 2】

在 100~200 之间，因为没有同构数，所以输出 No Answer。

第4章 数　组

C 语言基本数据类型包括整型、浮点型、字符型等，但作为高级编程语言，对复杂数据类型的支持是必需的。例如，要生成一批相同数据类型的变量，手动设置变量的工作量将是巨大的。数组是复杂数据类型的代表之一，也称构造数据类型，用于存放一组相同类型数据的有序变量集合。C 语言支持一维数组和多维数组。那么数组是如何定义的？如何存储的？如何操作的？本章将围绕这些问题重点介绍一维数组、二维数组、字符数组、基于数组的常用算法等知识点。

4.1　一维数组

数组是一组有序数据的集合。数组元素在内存中连续存放，每个元素都属于同一个数据类型，最低地址单元对应于数组第一个元素，最高地址单元对应于数组最后一个元素。下标代表数组元素的序号，用数组名和下标可以唯一地确定一个元素并进行操作。数组中的每个元素都属于同一个数据类型，不能把不同类型的数据放在同一个数组中。

4.1.1　定义

一维数组的定义形式如下：

  类型说明符　数组名[常量表达式]；

其中，类型说明符可以是任意一种基本数据类型或构造数据类型。数组名是用户自定义的标识符。方括号中的常量表达式表示数组元素个数，也称数组长度。

例如：

```
int a[10];              //定义整型数组 a，有 10 个元素
float b[20];            //定义单精度浮点型数组 b，有 20 个元素
double c[30];           //定义双精度浮点型数组 c，有 30 个元素
```

一维数组定义是一条完整的 C 语言语句，每条定义语句后用分号 "；" 结束。当需要定义多个同类型数组时，可以用逗号 "，" 分隔。

例如：

```
int a[10],b[10];        //定义整型数组 a 和 b，分别可放 10 个元素
float c[20],d[20];      //定义整型数组 c 和 d，分别可放 20 个元素
double e[30],f[30];     //定义整型数组 e 和 f，分别可放 30 个元素
```

C 语言不允许省略数组长度或省略方括号。例如，定义 "int a[];" 是错误的定义，而定义 "int a;" 和 "int a3;" 是定义一个变量而不是数组。如果省略数组长度，C 语言编译程序会报错并提示数组长度未定义。数组名不能与其他变量名相同，例如，程序中出现语句 "int a; float a[10];" 是错误的。

C 语言中，数组长度必须是常量表达式，不能用变量来表示数组长度。例如：

```
int n=4;int a[n];
```

是错误的。但可以用关键字 define 定义符号常量来表示数组长度，例如：

```
#define N 5             //define 定义符号常量 N=5
#include <stdio.h>
```

```
int main(){
    int a[N];
    ...
    return 0;
}
```

4.1.2 存储

一维数组的存储方式是，在内存中开辟连续的存储空间，依次存放数组元素。数组分别存储 a[0]～a[N-1] 的 N 个元素，其中 N 是数组长度。例如，"int a[8];"表示数组 a 有 8 个元素，其下标从 0 开始，这些元素分别为 a[0], a[1], a[2], a[3], a[4], a[5], a[6], a[7]。图 4-1 给出了数组元素的存储和内存地址的分配示意图。

数组元素	a[0]	a[1]	a[2]	a[3]	a[4]	a[5]	a[6]	a[7]
内存地址	0x22040	0x22044	0x22048	0x2204C	0x22050	0x22054	0x22058	0x2205C

图 4-1　数组元素的存储和内存地址的分配

存储数组所需的内存空间与类型说明符的数据类型和数组长度有关，以字节为单位的总内存空间计算公式如下：

$$总字节数 = sizeof(数据类型) \times 数组长度$$

如图 4-1 所示，若初始地址为 0x22040，数组元素为整型变量，占 4 字节，共 32 字节，因此，地址依次为 0x22040, 0x22044, 0x22048, …。

4.1.3 引用

数组元素也是一种变量。数组引用采用数组名加下标的方式，下标表示数组元素在数组中的顺序号，下标最大值为数组长度减 1。必须先定义数组长度和数据类型，才能使用下标方法引用数组。

数组元素引用的形式如下：

数组名[下标]

数组下标只能为整型常量或整型表达式。例如：

```
a[5]; a[i+j]; a[i++];
```

都是合法的数组元素引用。如果下标为浮点数，C 语言编译时将自动取整。

当查找 a[i] 时，通过计算数组字节数，实现数组元素的引用。对一维数组而言，目标地址的计算由基地址和偏移量决定，其中偏移量是数组第 i 个元素与第 0 个元素的偏差，计算公式如下：

$$a[i]的地址 = 基地址 + sizeof(数据类型) \times i$$

对于数组引用，只能逐个使用下标变量，而不能一次引用整个数组，例如：

```
int a[10]; printf("%d",a);
```

是不能实现整个数组输出的。

对于数组的整体引用或整体赋值需要用循环语句来逐个操作数组元素，例如：

```
for(i=0; i<10; i++)
    printf("%d",a[i]);
```

数组访问不能越界，即不能超过数组长度减 1。但是，如果 C 语言强制访问数组长度以外的数组元素时，编译器不提示出错，而实际运行时也可能输出数值。请思考为什么？

动态赋值的形式如下：

　　　　数组名[常量表达式]= 值；

其中，常量表达式不能大于数组长度。例如：

```
int a[5]; a[6]=20;
```

在实际运行过程中，可以对 a[6]进行赋值，请思考数据 20 被存储到哪里去了？

动态赋值只能每次对一个数组元素进行赋值，例如：

```
int a[5]; a[5]={5,6}; a[5,6]=7;
```

都是错误的，因为编译器无法理解到底对哪个数组元素进行赋值。

4.1.4　初始化

数组初始化是在编译阶段进行的。这样将减少运行时间，提高 C 语言执行效率。给数组赋值有两种方法：定义同时赋值和从键盘输入赋值。

定义同时赋值的形式如下：

　　　　类型说明符　数组名[常量表达式] = {值,值,…,值}；

其中，在{}中各值之间用逗号分隔。例如：

```
int a[10]={0,1,2,3,4,5,6,7,8,9};
```

等价于赋值语句：

```
a[0]=0; a[1]=1; … a[9]=9;
```

定义同时赋值可以只给部分数组元素赋初值。当{}中值的个数少于数组元素个数时，依次给数组元素赋值。例如：

```
int a[10]={0,1,2,3,4};
```

表示只给 a[0]到 a[4]的 5 个数组元素赋值，而后 5 个数组元素的值为 0。

C 语言编译时必须知道数组的长度。定义同时赋值时，如果给全部数组元素赋值，则数组定义时可省略数组长度。当省略数组长度时，C 语言可以动态确定数组长度，即编译器统计{}之间数组元素的个数，以求出数组长度。例如：

```
int a[5]={1,2,3,4,5};          可写成        int a[]={1,2,3,4,5};
```

对于数值型一维数组，可以采用单循环逐一给各个数组元素赋值，例如：

```
#define N 5
int i,a[N];
for(i=0;i<N;i++)
    scanf("%d",&a[i]);
```

在用数组存储不确定个数（已知上限）的数据时，可以用以下方式：

```
#define N 1000    //假设数据上限是1000个
int i,n,a[N];
scanf("%d",&n);     //输入实际的数据个数 n，不超过 N
for(i=0;i<n;i++)
    scanf("%d",&a[i]);
```

4.1.5 典型例题

【例 4-1】 计算平均值。给定 10 个学生考试成绩，计算平均值并保留两位小数。

分析：为了能输入 10 个成绩，需要 10 个变量存储这些成绩；另外，要将这 10 个成绩依次累加求和并计算平均值。

程序如下：

```
#include <stdio.h>
#define N 10
int main()
{
    int i;
    double a[N],sum=0.0;              //定义并初始化
    printf("请输入%d个成绩:\n",N);
    for(i=0;i<N;i++)                  //循环遍历输入 N 个数据
        scanf("%lf",&a[i]);          //注意 double 型数据输入格式用 lf
    for(i=0;i<N;i++)                  //循环遍历累加 N 个数据
        sum+=a[i];
    printf("The average is:%.2lf\n",sum/N);//求平均分
    return 0;
}
```

运行结果为：

```
请输入10个成绩:
1 2 3 4 5 6 7 8 9 10
The average is:5.50
```

【例 4-2】 给定一个长度为 N（$N \leqslant 100$）位的整数，编写程序将其逆序输出。

分析：虽然采用循环和取余方法可以实现 int 型数据的逆序输出，但按例题要求，由于此整数最大长度为 100 位，其数据类型范围肯定超出了 int 型的数据类型范围，因此，本题采用整型数组存储并将首尾对应数据进行交换以解决该问题。

程序如下：

```
#include <stdio.h>
#define N 100
int main()
{
    int i,j,t,n,a[N];
    printf("Input length (n<=N):\n");
    scanf("%d",&n);
    for(i=0;i<n;i++)                        //输入 n 个整数
        scanf("%d",&a[i]);
    for(i=0,j=n-1;i<=j;i++,j--){            //交换首尾对应数据
        t=a[i];a[i]=a[j];a[j]=t;
```

```
    }
    printf("The inverted number is:\n");
    for(i=0;i<n;i++)              //输出交换后的数据
        printf("%4d",a[i]);
    return 0;
}
```
运行结果为:

【例4-3】 给定 *N*（*N*≤100）个正整数数据，查找其中的最大值并输出。

```
#include <stdio.h>
#define N 100
int main()
{
    int i,n,max=0, a[N];
    printf("Input length (n<=N):\n");
    scanf("%d",&n);
    for(i=0;i<n;i++)
        scanf("%d",&a[i]);
    max=a[0];                //假设 a[0]为最大值，采用记录最大值本身的方法
    for(i=1;i<n;i++)         //从下标 1 开始遍历
        if(a[i]>max)
            max=a[i];        //如果当前遍历的数组元素大于 max，则 max 保存当前值
    printf("The max is %d\n", max);
    return 0;
}
```
运行结果为:

【例4-4】 给定 *N*（*N*≤100）个正整数数据，查找其中的最小值并输出。

```
#include <stdio.h>
#define N 100
int main()
{
    int i,n,min=0, a[N];
    printf("Input length (n<=N):\n");
    scanf("%d",&n);
```

```
    for(i=0;i<n;i++)
        scanf("%d",&a[i]);
    min=0;//假设 0 为最小值的下标，采用记录最小值下标方法，可与上题进行比较
    for(i=1;i<n;i++)
        if(a[i]<a[min])
            min=i;//如果当前遍历的数组元素小于 a[min]，则 min 保存当前值的下标
    printf("The min is %d,index is %d\n", a[min],min);
    return 0;
}
```

运行结果为：

```
Input length (n<=N):
5
12 8 -6 23 -1
The min is -6, index is 2
```

【例 4-5】 利用数组，计算并输出 Fibonacci 数列第 i（$i<100$）项的数值。

分析：Fibonacci 数列见例 1-5，其特点是第 1 项和第 2 项的值固定为 1，其后第 i 项的值为前 2 项的值之和。

程序如下：

```
#include <stdio.h>
int main()
{
    int a[100],i,k;
    a[0]=1;
    a[1]=1;
    printf("Please select I number to be printed:\n");
    scanf("%d",&k);
    for(i=2;i<100;i++)
        a[i]=a[i-1]+a[i-2];
    printf("The number is %d\n",a[k-1]);
    return 0;
}
```

运行结果为：

```
Please select I number to be printed:
20
The number is 6765
```

【例 4-6】 二分查找算法。给定一个有序的数列，查找指定的数值。如果查询到该数值，则返回该数值在数组中的位置。

分析：给定一个有序数列，二分查找算法根据中位数大小来判断是否满足条件；否则，根据中位数大小来决定查找区域落到左半部分还是右半部分，进而继续查找，直至查询结束。如图 4-2 所示为二分查找算法的流程图。

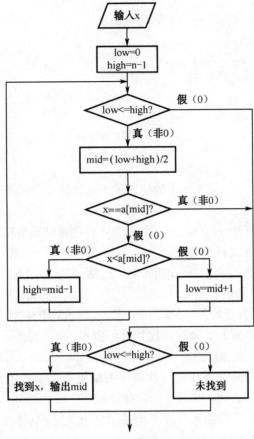

图 4-2   二分查找算法流程图

```c
#define N 10
#include <stdio.h>
int main()
{
    int a[N]={1,2,3,4,5,6,7,8,9,10};
    int low,high,mid,x;
    scanf("%d",&x);
    low = 0; high = N - 1;        //开始时查找区间为整个数组
    while (low <= high)  {        //循环条件
        mid = (low + high) / 2;   //中间位置
        if (x == a[mid])
            break;                //查找成功,中止循环
        else if (x < a[mid])
            high = mid - 1;       //前半段,high 前移
        else
            low = mid + 1;        //后半段,low 后移
    }
```

```
        if(low <= high)
            printf("Index is %d \n",mid);
        else
            printf( "Not Found\n");
        return 0;
    }
```
运行结果为：

【例4-7】　选择排序算法。输入 n 个数值，采用选择排序算法进行排序后，依次从小到大升序输出。

分析：假设 5 个数据 a[5]={4,2,6,3,7}，那么选择排序算法至少要执行 4 次遍历，每次查找一个最小值并进行排序。每次查找情况如下。

第 1 次：找到最小值 2，将 a[1]和 a[0]互换，得到 a[5]= {2,4,6,3,7}。

第 2 次：从未排序的位置开始查找，找到最小值 3，将 a[3]和 a[1]互换，得到 a[5]= {2,3,6,4,7}。

第 3 次：从未排序的位置开始查找，找到最小值 4，将 a[3]和 a[2]互换，得到 a[5]= {2,3,4,6,7}。

第 4 次：从未排序的位置开始查找，找到最小值 6，无须互换。

第 5 次：剩余一个 7，不需要排序。

在上述过程中，每次排序均基于前一次排序的结果并在未排序的部分查找最小值。如果发现最小值，则进行互换，否则，执行下一次排序操作。综上所述，对于有 n 个元素的数组，排序算法至少执行 $n-1$ 次。选择排序算法平均时间复杂度为 $O(n^2)$。

选择排序算法流程图如图 4-3 所示。

```
#define N 10  //以 10 个数为例
#include <stdio.h>
int main()
{
    int a[N],k,i,j,index,temp;
    for(j=0;j<N;j++)
        scanf("%d",&a[j]);
    for(k = 0; k < N-1; k++){//在下标范围[k,n-1]内找最小值下标 index
        index = k;
        for(i= k + 1;i< N; i++)
            if(a[i] < a[index])
                index = i;
            if(index!=k)
            {   temp = a[index]; //找到最小值后，进行互换
                a[index] = a[k];
                a[k] = temp;}
    }
    for(j= 0; j < N; j++)
```

```
        printf("%4d",a[j]);
    return 0;
}
```

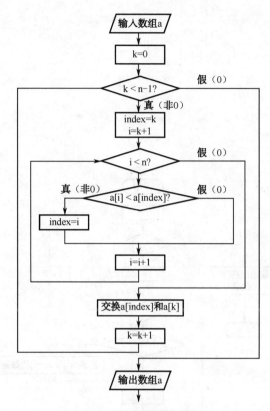

图 4-3　选择排序算法流程图

运行结果为：

1	43	2	4	21	12	11	38	8	2
	1	2	2	4	8	11	12	21	38	43

【例 4-8】 冒泡排序算法。输入 n 个数值，采用冒泡排序算法进行排序，依次从大到小降序输出。

分析：这个算法名字的由来是，大的元素会经由交换慢慢地"浮"到数列的顶端。一次比较两个元素，如果它们的顺序错误就把它们交换过来。冒泡排序算法平均时间复杂度为 $O(n^2)$。

冒泡排序算法流程图如图 4-4 所示。

```
#define N 10//以 10 个数为例
#include <stdio.h>
int main()
{
    int i, j, t, a[N];
    for(i = 0; i < N; i++)
        scanf("%d", &a[i]);
```

```
for(i = 1; i < N; i++)
    for(j = 0; j < N-i; j++)
        if(a[j]<a[j+1]) {
            t = a[j];
            a[j] = a[j+1];
            a[j+1] = t;
        }
for(i= 0; i< N; i++)
    printf("%4d",a[i]);
return 0;
}
```

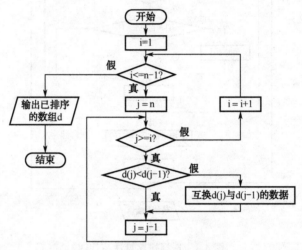

图 4-4　冒泡排序算法流程图

运行结果为:

1	43	2	4	21	12	11	38	8	2
	43	38	21	12	11	8	4	2	2	1

　　【例 4-9】 插入排序算法。输入 *n* 个数值,采用插入排序算法进行排序,依次从小到大升序输出。

　　分析:从数列中第 2 个元素开始,将其插入前面已经排好的数列中,形成一个新的排好序的数列,其余类推,直至最后一个元素。插入操作要进行 *n*-1 次。插入排序算法平均时间复杂度为 $O(n^2)$。

```
#define N 6//以6个数为例
#include <stdio.h>
int main()
{
    int i, temp, p, a[N];
    for(i = 0; i < N; i++)
        scanf("%d", &a[i]);
    for(i=1;i<N;i++){  //从第2个元素开始
```

```
        temp=a[i];          //将待插入元素取出暂存
        p=i-1;
        while(p>=0&&temp<a[p]){
            a[p+1]=a[p];
            p--;
        }
        a[p+1]=temp;
    }
    for(i= 0;  i< N;  i++)
        printf("%4d",a[i]);
    return 0;
}
```
运行结果为：

```
53 27 36 15 69 42
   15  27  36  42  53  69
```

其运行过程如图 4-5 所示。

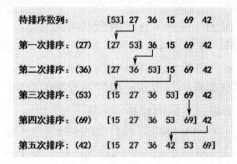

图 4-5 插入排序示例

4.2 二维数组

二维数组本质上是以数组作为数组元素的数组，即"数组的数组"。多维数组可由二维数组类推而得到。

4.2.1 定义

二维数组的定义形式如下：

        类型说明符 数组名[常量表达式 1][常量表达式 2]

常量表达式 1 表示第一维下标的数组长度，即行下标；常量表达式 2 表示第二维下标的数组长度，即列下标。

例如：

```
int a[3][4];              //定义整型二维数组 a，共有 3*4=12 个元素
float b[10][20];          //定义单精度浮点型二维数组 b，共有 10*20=200 个元素
double c[5][6];           //定义双精度浮点型二维数组 c，共有 5*6=30 个元素
```

与一维数组类似，定义是一条完整的 C 语句，每条定义语句后用分号"；"结束。当需要

定义多个同类型数组时，可以用逗号"，"分隔。

例如：

```
int a[3][4],b[5][6];     //定义整型二维数组 a 和 b，分别有 12 个和 30 个元素
float c[2][7],d[3][6];   //定义单精度浮点型二维数组 c 和 d，分别有 14 个和 18 个元素
double e[3][5],f[4][3];  //定义双精度浮点型二维数组 e 和 f，分别有 15 个和 12 个元素
```

二维数组同样不允许省略数组长度，例如，定义"int a[][];"是错误的。也不能在方括号中用变量来表示数组元素的个数，例如，"int n=4; int a[n][n];"也是错误的。

4.2.2 存储

二维数组是按行存储的，先依次存储行数组上的数据，再依次存储列数组上的数据。如图 4-6 所示为数组 int a[3][4]的存储示例。

a[0][0]	a[0][1]	a[0][2]	a[0][3]
a[1][0]	a[1][1]	a[1][2]	a[1][3]
a[2][0]	a[2][1]	a[2][2]	a[2][3]

图 4-6　数组存储示例

二维数组在概念上是二维的，即其下标在两个方向上变化，下标变量在数组中的位置处于一个平面之中，也称为矩阵。在如图 4-6 所示的存储示例中，二维数组 a 是整型的，该类型占 2 字节，因此每个元素均占 2 字节。

存储数组所需要的内存空间直接与类型说明符的数据类型和二维数组长度有关。对二维维数组而言，以字节为单位的总内存空间计算公式如下：

$$总字节数 = sizeof(数据类型)×(行长度×列长度)$$

但实际内存空间的地址是连续编址的，也就是说，存储器单元是按一维线性排列的。

4.2.3 引用

二维数组元素也称为双下标变量，其引用的形式如下：

数组名[行下标][列下标]

其中，行/列下标应为整型常量、变量或表达式。行下标的取值范围为[0, 行长度-1]，列下标的取值范围为[0, 列长度-1]；否则，将出现数组越界访问问题。例如，a[3][4]为数组 a 第 4 行第 5 列的数组元素。

当查找第 i 行第 j 列数组元素时，可以通过计算数组字节数，引用数组元素。对二维数组而言，目标地址的计算由基地址和偏移量决定，计算方法如下：

$$a[i][j]的地址 = 基地址+sizeof(数据类型)×\{i×行长度+j\}$$

二维数组同样不能一次引用整个数组，例如，语句"int a[10][10]; printf("%d",a);"是无法实现输出数组中的 100 个数据的。

访问二维数组时，需要用双重循环来操作数组元素。例如，要输出数组 int a[10][10]，必须用以下循环语句逐个输出各数组元素：

```
        for(i=0; i<10; i++)
            for(j=0; j<10; j++)
                printf("%d",a[i][j]);
```

按矩阵形式输出二维数组 a 时，外层循环是针对行下标的，对其中的每行，首先输出该行上的所有元素，然后换行继续输出。

设 n 是正整数，定义一个 n 行 n 列的二维数组 a。用该二维数组 a 表示 $n×n$ 阶方阵时，矩阵的一些常用术语与二维数组行/列下标关系如图 4-7 所示。

矩阵术语	行/列下标关系
主对角线	$i=j$
上三角	$i \leqslant j$
下三角	$i \geqslant j$
副对角线	$i+j=n-1$

图 4-7 矩阵的术语与二维数组行/列下标关系

思考：输入一个 $n×n$ 的整型数组，编写程序输出方阵的上三角数据。

4.2.4 初始化

二维数组初始化赋值的形式分为以下两种。

按行连续初始化赋值的一般形式为：

    类型说明符 数组名[常量表达式 1][常量表达式 2] = {值,值,…,值};

按行分段初始化赋值的一般形式为：

    类型说明符 数组名[常量表达式 1][常量表达式 2] = {{值,…,值},…,{值,…,值}};

以数组 int a[4][3]为例，这两种初始化赋值方式的结果是完全相同的：

```
int a[4][3]={ {1,2,3}, {4,5,6}, {7,8,9}, {10,11,12}};
int a[4][3]={1,2,3,4,5,6,7,8,9,10,11,12};
```

C 语言编译器会根据每行中的数组元素个数自动计算行数。二维数组在初始化时，可以省略行长度，但不可省略列长度。例如：

```
int a[][3]={1,2,3,4,5,6,7,8,9,10,11,12};
```

等价得到二维数组 int a[4][3]并对每个数组元素变量赋初值。

思考：在二维数组初始化时，是否可以同时省略行长度和列长度？为什么？

静态数组初始化的形式如下：

    static 类型说明符 数组名[常量表达式 1][常量表达式 2] = {值,值,…,值};

静态数组初始化时，只对部分元素赋初值，未赋初值的元素自动赋 0 值。

三种不同赋初值方法举例如下：

```
static int a[4][3]={1,2,3,4};
int b[4][3]={1,2,3,4};
static int c[4][3]={{1,2},{3},{4}};
```

结果如图 4-8 所示。

a[0][0]=1	a[0][1]=2	a[0][2]=3
a[1][0]=4	a[1][1]=0	a[1][2]=0
a[2][0]=0	a[2][1]=0	a[2][2]=0

b[0][0]=1	b[0][1]=3	b[0][2]=3
b[1][0]=4	未知值	未知值
未知值	未知值	未知值

c[0][0]=1	c[0][1]=2	c[0][2]=0
c[1][0]=3	c[1][1]=0	c[1][2]=0
c[2][0]=4	c[2][1]=0	c[2][2]=0

图 4-8　二维数组存储示例

4.2.5　典型例题

【例 4-10】　矩阵置换。输入一个正整数 n（$1<n\le6$），生成一个 $n×n$ 阶方阵，然后将该方阵转置（行、列互换）后输出。

```c
#include <stdio.h>
#define N 6
int main()
{
    int i, j, n, temp;
    int a[N][N];
    printf("Enter n:") ;
    scanf("%d", &n);
    //给二维数组赋值
    for(i = 0; i < n; i++)
        for(j = 0; j < n; j++)
            scanf("%d", &a[i][j]);
    //行, 列互换
    for(i = 0; i < n; i++)
        for(j = 0; j < n; j++)
            if(i < j){                //只遍历上三角矩阵
                temp = a[i][j];
                a[i][j] = a[j][i];
                a[j][i] = temp;
            }
    //按矩阵的形式输出 a
    for(i = 0; i < n; i++){
        for(j = 0; j < n; j++)
            printf("%4d",a[i][j]);
```

```
        printf("\n");
    }
    return 0;
}
```

运行结果为:

```
Enter n: 3
1 2 3
4 5 6
7 8 9
    1    4    7
    2    5    8
    3    6    9
```

【例4-11】 构建 $n \times n$ 乘法表。

```
#define N 6
#include <stdio.h>
int main()
{
    int i,j;
    int a[N][N];
    for(i = 0;  i < N;  i++)
        for(j = 0;  j < N;  j++)
            a[i][j]=(i+1)*(j+1);
    for(i = 0;  i < N;  i++){
        for(j = 0;  j < N;  j++)
            printf("%4d", a[i][j]);
        printf("\n");
    }
    return 0;
}
```

运行结果为:

```
1    2    3    4    5    6
2    4    6    8   10   12
3    6    9   12   15   18
4    8   12   16   20   24
5   10   15   20   25   30
6   12   18   24   30   36
```

【例4-12】 找出二维数组中的最大值并输出其行/列下标。

```
#define N 5
#define M 6
#include <stdio.h>
int main()
{
    int col, i, j, row;
```

```c
    int a[N][M];
    printf("Enter integers:\n") ;
    for(i = 0; i < N; i++)
        for(j = 0; j < M; j++)
            scanf("%d", &a[i][j]);
    for(i = 0; i < N; i++){
        for(j = 0; j <M; j++)
            printf("%4d", a[i][j]);
        printf("\n");
    }
    row = col = 0;
    for(i = 0; i < N; i++)
        for(j = 0; j <M; j++)
            if(a[i][j] > a[row][col]){
                row = i;   col = j;
            }
    printf("max = a[%d][%d] = %d\n", row, col, a[row][col]);
    return 0;
}
```

运行结果为：

```
Enter integers:
12 34 12 45 12 55
11 21 45 22 13 78
10 23 72 12 10 22
15 22 24 27 31 38
17 89 19 45 39 18
  12  34  12  45  12  55
  11  21  45  22  13  78
  10  23  72  12  10  22
  15  22  24  27  31  38
  17  89  19  45  39  18
max = a[4][1] = 89
```

【例4-13】 计算二维数组外圈数值之和。

```c
#define N 5
#define M 6
#include <stdio.h>
int main()
{   int i, j, row, col, sum=0;
    int a[N][M];
    printf("Enter integers:\n") ;
    for(i = 0; i < N; i++)
        for(j = 0; j < M; j++)
            scanf("%d", &a[i][j]);
```

```
            row=i;
            col=j;
            for(i = 0; i < N; i++)
               sum+= a[i][0]+a[i][M-1];
            for(j =1; j < M-1; j++)
               sum+= a[0][j]+a[N-1][j];
            printf("sum=%d\n",sum);
            return 0;
        }
```
运行结果为：

```
Enter integers:
12 34 12 45 12 55
11 21 45 22 13 78
10 23 72 12 10 22
15 22 24 27 31 38
17 89 19 45 39 18
sum=571
```

4.3 字符数组

字符数组是专门用于存放字符型数据的数组。其定义的形式如下：

```
char 数组名[常量表达式];                    //定义一维字符数组
char 数组名[常量表达式1] [常量表达式2];      //定义二维字符数组
static char 数组名[常量表达式];              //定义静态一维字符数组
static char 数组名[常量表达式1] [常量表达式2]; //定义静态二维字符数组
```

对一个字符数组，如果不进行初始化赋值，则必须说明数组长度。静态字符数组可只对部分数组元素赋初值，未赋初值的元素自动赋字符'0'值。例如，语句 "static char ch[5]={ 'a', 'b', 'c'};" 等价于语句 "char ch[5]={ 'a', 'b', 'c',0,0};"，其中，0 的 ASCII 码值与'\0'的等价，因此，前面语句等价于语句 "char ch[5]={ 'a', 'b', 'c', '\0', '\0'};"。

字符串总以'\0'（字符串结束符）作为最后一个字符。因此当把一个字符串存入一个数组中时，需要把'\0'也存入数组中，并以此作为该字符串是否结束的标志。而静态字符数组却不用添加字符串结束符，因为，其初始化时自动将未赋初值的数组元素赋字符'0'值，即'\0'。因此，对于字符数组而言，数组实际可用的字符个数必须小于等于数组长度。

```
char a[4]={ '1', '2', '3', '4'};
char b[4]={ '1', '2', '3', '\0'};
static c[4]={ '1', '2', '3'};
```

三个字符数组的长度均为 4，但是它们的有效长度却不一样。有效长度由'\0'决定。字符数组 a 的有效长度为 4，字符数组 b 的有效长度为 3，字符数组 c 的有效长度为 3。

思考：当字符数组初始化赋值的个数大于数组定义长度时，数组可以存储这些字符吗？

字符数组的输入与输出采用 printf()和 scanf()的格式化输出形式%c，也可以用格式化形式%s 一次性输入或输出字符串。

以 char ch[5]为例，采用%c 形式的输入、输出语句如下：

```
for(i=0;i<5;i++)
    scanf("%c",&ch[i]);
for(i=0;i<5;i++)
    printf("%c",ch[i])
```

以 char ch[5]为例，采用%s 形式的输入、输出不再需要循环遍历方式逐个处理每个字符。格式化输入和输出的形式化参数变为数组名，数组名代表该数组的首地址。例如：

```
scanf("%s",ch);
printf("%s",ch);
```

在执行语句 "printf("%s",ch);" 时，按数组名 ch 找到首地址，然后逐个输出数组中的各个字符，直到遇到'\0'为止。可以通过数组名进行有选择的数组元素输出，语句如下：

```
printf("%s",ch+2);    //从第 3 个数组元素开始输出
```

当用 scanf()输入字符串时，字符串中不能含有空格，否则将以空格作为字符串的结束标志。例如，输入内容为 "It is my university"，输出为 "It"。

4.3.1 字符串的表示

字符串是用一对双引号括起来的字符序列，由有效字符和字符串结束标志'\0' 组成。字符串一定是字符数组，通常被认为是常量，以'\0'为最后一个字符。因此当把一个字符串存入一个数组中时，也把'\0'存入数组中，并以此作为该字符串是否结束的标志。例如，语句 "char a[]="1234";" 定义了字符数组 a 中存储的 5 个元素分别是{'1', '2', '3', '4', '\0'}。

如果没有显式地给出有效字符的个数，则在'\0'之前的字符都是字符串的有效字符。一般用'\0'来控制循环，循环条件为 "s[i] != '\0'"。

【例 4-14】 输入数字字符串并将字符串转换为数值输出。

```
#include <stdio.h>
int main()
{
    int i, number;
    char str[10];
    printf("Enter a string:");   //输入字符串
    i = 0;
    while((str[i] = getchar( )) != '\n')
        i++;
    str[i] = '\0';
    number = 0;                        //将字符串转换为整数
    for(i = 0; str[i] != '\0'; i++)
        if(str[i] >= '0' && str[i] <= '9')
            number = number * 10 + (str[i] - '0');
    printf("digit = %d\n", number);
    return 0;
}
```

运行结果为：

```
Enter a string: 12313432
digit = 12313432
```

4.3.2　字符串处理函数

C 语言提供了丰富的字符串处理函数，可分为字符串的输入、输出、合并、修改、比较、转换、复制、搜索等几类。使用这些函数可大大减轻 C 语言编程的负担。使用以下字符串函数时，需要在程序中包含头文件：

```
#include <string.h>
```

（1）字符串输出函数

语法格式：

```
puts (字符数组名)
```

功能：把指定字符数组（字符数组名为首地址）中的字符输出到屏幕上，即输出从当前地址开始到'\0'为止的字符。

例如：

```
puts(str);        //str 是字符数组名，表示首地址
```

（2）字符串输入函数

语法格式：

```
gets (字符数组名)
```

功能：从标准输入设备键盘上输入一个字符串，并赋值给指定的字符数组。

例如：

```
char str[81];
gets(str);
puts(str);
```

与 scanf()不同，gets()并不以空格作为字符串输入结束的标志，而只以回车符作为输入结束标志。

（3）字符串连接函数

语法格式：

```
strcat(字符数组名 1，字符数组名 2)
```

功能：把字符数组 2 中的字符串连接到字符数组 1 中字符串的后面，并删去字符串 1 中的'\0'。函数返回值是字符数组 1 的首地址。

例如：

```
char str1[81]="Welcome to ";
char str2[81]="SHU.";
strcat(str1,str2);
puts(str1);              //输出结果：Welcome to SHU.
```

上述语句将 str1 和 str2 合并的结果返回并用 puts()输出。注意，str1 的长度要足够大，应能容纳合并后字符串的字符个数。

（4）字符串复制函数

语法格式：

```
strcpy (字符数组名 1，字符数组名 2)
```

功能：把字符数组 2 中的字符串复制到字符数组 1 中，'\0'也一同复制过去，相当于把一个字符串赋值给一个字符数组。注意，这里不能用赋值符号 "=" 来进行字符串的赋值。

例如：

```
char str1[81],str2[]="Welcome To SHU.";
strcpy(str1,str2);
puts(str1);
```

（5）字符串比较函数

语法格式：

```
strcmp(字符数组名 1, 字符数组名 2)
```

功能：按照 ASCII 码值顺序比较字符数组 1 和 2 中的字符串 1 和 2，比较结果为函数返回值。字符串 1 和 2 的比较分为以下三种情况：

- 字符串 1 等于字符串 2，返回值等于 0；
- 字符串 1 大于字符串 2，返回值大于 0，在 Code::Blocks 编译环境中返回 1；
- 字符串 1 小于字符串 2，返回值小于 0，在 Code::Blocks 编译环境中返回-1。

注意：字符串比较是按照每个对应字符的 ASCII 码值大小进行比较的，而不是字符串长度的比较。该函数经常用作条件表达式。

例如，有定义 "char str1[81]="abcd", str2[81]="abCd";" 则 strcmp(str1,str2)的返回值大于 0，是因为字符'c'的 ASCII 码值（99）大于字符'C'的 ASCII 码值（67）。

（6）字符串长度函数

语法格式：

```
strlen(字符数组名)
```

功能：获得字符串的实际长度（不含'\0'），即从该地址开始至'\0'之间的字符个数，并作为函数返回值。该函数经常用作循环条件。

例如：

```
char str[81]="C language";
strlen(str);                    //返回字符串的实际长度 10，而不是定义长度 81
```

4.3.3 字符串的检索、插入和删除

【例 4-15】 输入一个字符串，统计其中数字字符的个数。

分析：根据输入的字符串遍历字符是否在'0'~'9'之间。

```
#include <stdio.h>
#include <string.h>
#define N 81              //实际使用中建议用符号常量作为长度
int main()
{
    int count, i;
    static char str[N]; /*实际使用中定义字符数组时前面加上 static，可避免输出乱
                          码，static 作用详见 5.8.2 节*/
    printf("Enter a string:");
```

```
    gets(str);
    count = 0;
    for(i = 0; str[i] != '\0'; i++)  //循环终止条件或使用表达式 i<strlen(str)
        if(str[i] >= '0' && str[i] <= '9')
            count++;
    printf("count = %d\n", count);
    return 0;
}
```

运行结果为:

```
Enter a string: I212Love4343Shanghai
count = 7
```

【例 4-16】 输入一个字符串,判断是否为回文字符串。

分析:用一维字符数组存放一个字符串,从数组的两端分别进行比对,如果相等,则向中间部分各取一个字符进行下一次比对,直至到达数组中部,全部字符比对结束。如果对称位置的字符全部相等,则输出"是回文",否则,输出"不是回文"。

```
#include <stdio.h>
#include <string.h>
#define N 81
int main()
{
    int count, i;
    static char str[N];
    printf("Enter a string: ");
    gets(str);
    for(i = 0,count=strlen(str)-1; i<=count ; i++,count--)
        if(str[i]!=str[count])         //如果对称位置的字符不相等则break
            break;
    if( i >=count)                     //如果从条件跳出
        printf(" It is a palindrome\n");
    else                               //如果通过 break;提前跳出
        printf(" It is not a palindrome\n");
    return 0;
}
```

运行结果为:

```
Enter a string: ILoveevoLI
 It is a palindrome
```

```
Enter a string: ILoveShanghai
 It is not a palindrome
```

【例4-17】 输入一个字符串，然后按以下样式输出。

输入：

    Shanghai

输出：

    1:Shanghai

    2: hanghai

    3: anghai

    4:   nghai

    5:    ghai

    6:     hai

    7:      ai

    8:       i

程序如下：

```c
#include <stdio.h>
#include <string.h>
#define N 81
int main()
{
    int i,j;
    static char str[N];
    gets(str);
    for(i=0;i<strlen(str);i++){
        printf("%d:",i+1);
        for(j=0;j< i;j++)   //输出空格
            printf(" ");
        puts(str+i);
    }
    return 0;
}
```

运行结果为：

```
shanghai
1:shanghai
2: hanghai
3:  anghai
4:   nghai
5:    ghai
6:     hai
7:      ai
8:       i
```

思考如何逆序输出如下结果：

```
shanghai
1:  iahgnahs
2:   iahgnah
3:    iahgna
4:     iahgn
5:      iahg
6:       iah
7:        ia
8:         i
```

【例 4-18】 输入一个字符串，检索指定字符并返回其在数组中的位置。

```c
#include <stdio.h>
#include <string.h>
#define N 81
int main()
{
    static char str[N],ch;
    int i;
    gets(str);
    scanf("%c",&ch);
    for(i=0;i<strlen(str);i++)
        if(str[i] ==ch)    //字符比较使用比较运算符，字符串比较使用比较函数
            break;
    if(i<strlen(str))
        printf("Found the char at %d\n",i+1);
    else
        printf("Not Found");
    return 0;
}
```

运行结果为：

```
I love shanghai
e
Found the char at 6
```

【例 4-19】 输入一个字符串，在指定下标位置插入字符。

```c
#include <stdio.h>
#include <string.h>
#define N 81
int main()
{
    static char str[N],ch;
    int i,k;
    gets(str);
```

```
        scanf("%d",&k);                    //输入指定的下标
        scanf("%c",&ch);
        for(i=strlen(str)+1;i>k;i--)       //从下标位置 k 到字符串末尾依次后移一位
            str[i]=str[i-1];
        str[k]=ch;                         //插入字符
        for(i=0;i<strlen(str)+1;i++)
            printf("%4c",str[i]);
        return 0;
    }
```
运行结果为:

【例4-20】 输入一个字符串，查找并删除指定的字符。

```
#include <stdio.h>
#include <string.h>
#define N 81
int main()
{
    static char str[N],ch;
    int i,j,n;
    gets(str);
    n=strlen(str);
    scanf("%c",&ch);
    for(i=0;i<n;i++){
        if(str[i]==ch)
            for(j=i;j<n;j++)
                str[j]=str[j+1];
        n=n-1;
        i--;
    }
    puts(str);
    return 0;
}
```
运行结果为:

【例4-21】 输入一个字符串，将其中重复的字符彻底删除。

```c
#include <stdio.h>
#include <string.h>
#define N 81
int main()
{
    int i,j,k,flag=0;
    static char str[N];
    gets(str);
    for(i=0;str[i]!='\0';i++){
        flag=0;                              //标记
        for(j=i+1;str[j]!='\0';j++){
            if(str[j]==str[i]){              //如果找到一个相同的
                flag=1;
                for(k=j;str[k]!='\0';k++) {  //删除后继相同的
                    str[k]=str[k+1];         //后一个赋值给前一个
                }
                str[k]='\0';                 //重新标记字符串结束
                j--;                         //将 j 回退，因此删除了一个值
            }
        }
        if(flag==1){                //flag==1 表明有相同的，要删除 i 下标位置的值
            for(k=i;str[k]!='\0';k++){
                str[k]=str[k+1];             //后一个赋值给前一个
            }
            str[k]='\0';                     //字符串结束标志
            flag=0;
            i--;                             //下标回退
        }
    }
    puts(str);
    return 0;
}
```

运行结果为：

Iloveshanghai1314@shu
Ilovengi34@u

4.4 小结

本章介绍了一维数组、二维数组以及字符数组的定义、引用和一些常用算法。在学习过程中需要注意以下几点：

1）数组是在内存中连续存储的具有相同类型的一组数据的集合。

2）数组名表示该数组存储空间的首地址。

3）区分数组定义和数组引用：

```
int a[5];      //定义数组长度为5，其中下标从0开始
a[2];          //数组引用，2表示下标，a[2]表示这个位置上元素的值
```

4）二维数组可以采用分解法理解为一个特殊的一维数组，是按行存放数据的。

5）字符串采用字符数组存放，存放一个字符串采用一维字符数组，存放多个字符串采用二维字符数组。

6）字符串有丰富的处理函数，使用前要使用#include <string.h>导入头文件。

综合练习题

1．整数出现次数。

【问题描述】

输入一组无序的整数，编程输出其中出现次数最多的整数及其出现次数。

【输入形式】

先从标准输入读入整数的个数（大于等于 1，小于等于 100），然后在下一行输入这些整数，各整数之间以一个空格分隔。

【输出形式】

向标准输出打印出现次数最多的整数及其出现的次数，两者以一个空格分隔；若出现次数最多的整数有多个，则按照整数升序分行输出。

【样例输入】

```
10
0 -50 0 632 5813 -50 9 -50 0 632
```

【样例输出】

```
-50 3
0 3
```

【样例说明】

输入了 10 个整数，其中出现次数最多的是-50 和 0，都出现了 3 次。

2．求两组整数的交集。

【问题描述】

从标准输入读入两组整数（每组不超过 20 个整数，并且同一组中的整数各不相同），编程求两组整数的交集，即在两组整数中都出现的整数，并按从大到小的顺序输出。若交集为空，则什么都不输出。

【输入形式】

先输入第一组整数的个数，然后在下一行输入第一组整数，以一个空格分隔各个整数；然后再以同样的方式输入第二组整数。

【输出形式】

按从大到小顺序输出两组整数的交集（以一个空格分隔各个整数，最后一个整数后的空格可有可无）。

【样例输入】

```
8
5 -105 0 4 32 -87 9 -60
7
5 2 87 10 -105 0 32
```

【样例输出】

```
32  5  0  -105
```

【样例说明】

第一组整数有 8 个，第二组整数有 7 个，在这两组整数中都出现的整数有 4 个，按从大到小顺序排序后输出的结果为：

```
32  5  0  -105
```

3．字符串分隔。

【问题描述】

输入两个字符串 str 和 tok。tok 由若干个字符构成，其中每个字符均可作为一个分隔字符对 str 进行分隔。

注意：str 和 tok 中均可以包含空格。如果 tok 中含有空格，则空格也作为 str 的分隔字符。

【输入形式】

从控制台分两行输入两个字符串 str 和 tok。

【输出形式】

分行输出 str 被分隔后的各字符串。

【样例输入】（"□"代表一个空格）

```
jfi,dpf.,jfpe&df-jfpf/□□jfoef$djfo□,pe
,. □/&$-
```

【样例输出】

```
jfi
dpf
jfpe
df
jfpf
jfoef
djfo
pe
```

【样例说明】

输入字符串 str ="jfi,dpf.,jfpe&df-jfpf/□□jfoef$djfo□,pe"，tok =",. □/&$-"，tok 中的每个字符（包括空格）均可作为 str 的分隔符。

4．计算星期。

【问题描述】

已知 1980 年 1 月 1 日是星期二。

任意输入一个日期，求这一天是星期几。

【输入形式】

从键盘输入一行字符串，形式为"Y-M-D"，表示一个有效的公历日期。其中，Y 为年

（范围为 1980—3000 年），M 为月，D 为天，都不带有前缀 0。

【输出形式】

在屏幕上输出结果。

输出只有一行，是代表星期的字符串。对于星期一至星期日，分别输出 Monday,Tuesday, Wednesday,Thursday,Friday,Saturday,Sunday。在行末要输出一个回车符。判断闰年的算法是：年份能被 4 整除并且不能被 100 整除，或者能被 400 整除。

【样例输入】

```
2004-1-6
```

【样例输出】

```
Tuesday
```

5．求赌王的密码。

【问题描述】

赌王喜欢"A"，密码由 6 行 6 列扑克牌中每行"A"的位置数字组合而成。扑克牌点数由 1～9,J,Q,K,A 组成，每行的扑克牌中最多只能出现一次"A"；也可能没有"A"，则密码中对应的位置数字是 0。

【输入形式】

6 行 6 列字符。

【输出形式】

6 个位置数字组成的密码，输出后换行。

【样例输入】

```
789AJK
QKA358
123456
456789
AJQK78
56789A
```

【样例输出】

```
430016
```

【样例说明】

第 1 行中"A"出现的位置是 4，第 2 行中"A"出现的位置是 3，第 3 行和第 4 行中没有出现"A"，则对应的位置数字是 0，第 5 行中"A"出现的位置是 1，第 6 行中"A"出现的位置是 6，所以组成的密码是 430016。

6．求营业额占比。

【问题描述】

从键盘输入学校附近某烧烤店某年每月的营业额，然后计算每月的营业额在年营业额中所占的百分比（四舍五入为整数，且不会超过全年的 70%），并以样例输出所示的水平直方图形式打印出来。

【输入形式】

输入 12 个月的营业额（浮点数），中间用一个空格分隔。

【输出形式】

水平直方图形式输出。

【样例输入】

　10 20.7 20.3 40 60.6 80 130 120 110 65 35 15

【样例输出】

　1(1%) #

　2(3%) ###

　3(3%) ###

　4(6%) ######

　5(9%) #########

　6(11%) ###########

　7(18%) ##################

　8(17%) #################

　9(16%) ################

　10(9%) #########

　11(5%) #####

　12(2%) ##

【样例说明】

第一部分为月份，占 2 列；第二部分为百分比，占 5 列；第三部分从第 9 列开始，为用#号表示的比例，1 个#号表示 1%。

7．数字和及转换。

【问题描述】

从键盘输入不超过 10 行 10 列的整型二维数组中的元素，求出各奇数行（下标为 0,2,4,6,…的行，即第 1,3,5,7,…行）之和，并把和的每位数字转成相应的拼音（数字 0～9 的拼音分别为：ling,yi,er,san,si,wu,liu,qi,ba,jiu）输出，输出格式参照样例输出的格式，各数拼音之间以一个空格分隔。

【样例输入】

　5 6

　56 78 36 4   50 80

　19 44 95 72 -8 60

　85 67 -3 32 12 35

　29 21 47 88 28 -9

　7   66 53 40 20 15

【样例输出】

　304:san ling si

　228:er er ba

　201:er ling yi

【样例说明】

输入 5 行 6 列二维数组；分别求出第 1,3,5 行的和 304,228,201，并转换成拼音输出。

8．统计指定字符个数（在本题基础上自行完成统计大写字母、数字字符等程序）。

【问题描述】

从键盘输入一行含空格在内的字符，分别统计其中每个小写字母的个数，并按字母顺序输出个数不为零的小写字母及其对应的个数，每对占 1 行；若无小写字母则输出"None"。

【样例输入 1】

```
6a1b2c3 D4abcdxyz
```

【样例输出 1】

```
a:2

b:2

c:2

d:1

x:1

y:1

z:1
```

【样例说明 1】

输入字符串中，小写字母 a,b,c 各出现 2 次，小写字母 d,x,y,z 各出现 1 次，其他小写字母没出现就不输出。

【样例输入 2】

```
ABC123ABC DEF SHU.
```

【样例输出 2】

```
None
```

【样例说明 2】

输入的字符串中无小写字母。

9．校园歌手大奖赛。

【问题描述】

校园歌手大奖赛中，有 5 个评委为参赛的选手打分，分数取值 1～10，且各不相同。选手最后得分为：去掉一个最高分和一个最低分后其余 3 个分数的平均值。同时对评委评分进行裁判，即在 5 个评委中找出最公平（即评分最接近平均分）的评委。

（1）输入评委编号（int 型一维数组）及相应的打分（int 型一维数组）；

（2）求解并输出平均分（double 型变量，保留两位小数）并换行；

（3）求解并输出最公平的评委（假设只有一位评委）编号。

【样例输入】

```
1001 5

1003 7

1002 9

1005 10

1004 8
```

【样例输出】

```
8.00

1004
```

【样例说明】

选手得分平均分为 8 分，1004 号评委打分最接近。

10. 加密字符。

【问题描述】

在情报传递过程中，为了防止情报被截获，往往需要用一定的方式对情报进行加密。简单的加密算法虽然不足以完全避免情报被破译，但仍然能防止情报被轻易识别。我们给出一种加密算法，对给定的一个明文字符串（括号中是一个"原文 -> 密文"的例子）：

（1）明文字符串中所有的字母都按字母表顺序被循环左移了三个位置（deac -> abxz），其他非字母的字符不变；

（2）逆序存储（abxz ->zxba）。

编写程序，输入明文字符串（含空格），输出加密后的密文字符串。

【输入形式】

输入一行，包含一个字符串，其长度小于 80 个字符。

【输出形式】

输出加密字符串。

【样例输入】

    Hello! Ace 30

【样例输出】

    03 bzX !liibE

第 5 章　函　　数

C 程序是由函数组成的，函数是 C 程序的基本模块。C 程序通过对函数模块的调用实现特定的功能。在前面章节中已经涉及了函数的概念，如 main()、printf()、scanf()等函数。本章主要介绍函数的定义、函数的调用、函数的参数传递方式及变量的作用域等内容。

5.1　程序与函数

C 语言中的函数相当于其他高级语言的子程序。C 语言不仅提供了极为丰富的库函数，还允许用户自己定义函数。用户可把自己的算法编成一个个相对独立的函数模块，然后通过调用的方法来使用函数。

可以说 C 程序的全部工作都是由各式各样的函数完成的，所以也把 C 语言称为函数式语言。由于采用了函数的模块式结构，C 语言易于实现结构化程序设计，使程序的层次结构清晰，便于程序的编写、阅读、调试。

在 C 语言中，所有的函数定义，包括主函数 main()在内，都是平行的。也就是说，在一个函数的函数体内，不能再定义另一个函数，即不能嵌套定义。但是函数之间允许相互调用，也允许嵌套调用。习惯上，把调用者称为主调函数。函数还可以自己调用自己，称为递归调用。main()是主函数，它可以调用其他函数，但不允许被其他函数调用。因此，C 程序的执行总是从 main()开始的，完成对其他函数的调用后再返回 main()，最后由 main()结束整个程序。一个 C 程序必须有，并且只能有一个 main()。

在 C 语言中可从不同的角度对函数进行分类。

1. 库函数和用户自定义函数

从函数定义的角度看，函数可分为库函数和用户自定义函数两种。

（1）库函数

库函数由 C 系统提供，用户无须定义它，也不必在程序中进行类型声明，只需要在程序前包含该函数原型所在的头文件即可在程序中直接调用它。在前面各章的例题中反复用到printf()、scanf()、getchar()、putchar()、gets()、puts()、strcat()等函数均属此类。

（2）用户自定义函数

用户自定义函数就是由用户按需要写的函数。对于用户自定义函数，除了要在程序中定义函数本身，在某些情况下还要在主调函数中对该被调函数进行类型声明，然后才能使用。

【例 5-1】 输入一行字符串，把其中的小写字母改成大写字母，并输出该字符串。

```c
#include <stdio.h>
#include <string.h>
#define N 81
int main()
{
    static char str[N];
    int i;
    char low_to_upper(char c);  //函数声明
```

```
    printf("Enter a string:");
    gets(str);
    for(i=0;str[i];i++)
        str[i]=low_to_upper(str[i]);    //自定义函数调用
    puts(str);
    return 0;
}
char low_to_upper(char c)               //函数定义
{
    if(c>='a' && c<='z') return c=c-32;
    return c;
}
```
运行结果为：

```
Enter a string:shanghai
SHANGHAI
```

本例中，low_to_upper()是自定义函数，而 printf()、gets()和 puts()是库函数。

2. 有返回值函数和无返回值函数

C语言的函数兼有其他语言中的函数和过程两种功能，从这个角度看，又可把函数分为有返回值函数和无返回值函数两种。

（1）有返回值函数

此类函数被调用并执行完后将向调用者返回一个执行结果，称为函数返回值。例 5-1 中的 low_to_upper()即属于此类函数。由用户定义的这种需要返回函数值的函数，必须在函数定义和函数声明中明确返回值的类型。

（2）无返回值函数

此类函数用于完成某项特定的处理任务，执行完成后不向调用者返回函数值。此类函数类似于其他语言的过程。由于函数无须返回值，因此用户在定义此类函数时可指定它的返回值为"空类型"。空类型的说明符为 void。若不标明 void，则函数默认返回值为 int 型。

【例 5-2】 从键盘输入一个整数（$n<80$），输出一行 n 个星号。

```
#include <stdio.h>
void print_star(int n)
{
    int i;
    for(i=0;i<n;i++)
        printf("*");
}
int main()
{
    int n;
    printf("Enter n(<80):");
    scanf("%d",&n);
```

```
        print_star(n);
        return 0;
    }
```

运行结果为：

Enter n(<80):8
****

本例中，因为输出功能在函数 print_star()中已完成，所以不需要返回结果给 main()。程序中，将 print_star()写在 main()前面，由于系统在逐行编译时先编译到 print_star()的存在，因此在 main()中调用它之前便可省去对 print_star()的声明。

3. 无参函数和有参函数

从主调函数和被调函数之间数据传送的角度看，函数又可分为无参函数和有参函数两种。

（1）无参函数

无参函数，其函数定义、函数声明及函数调用中均不带参数。在主调函数和被调函数之间不进行参数传送。此类函数通常用来完成一组指定的功能，可以返回或不返回函数值。

【例 5-3】 输出一个 3 行 5 列的星号图形。

```
#include <stdio.h>
void print_star();
int main()
{
    int i;
    for(i=1;i<=3;i++)
        print_star();
    return 0;
}
void print_star()
{
    int i;
    for(i=1;i<=5;i++)
        printf("*");
    printf("\n");
}
```

运行结果为：

本例中，print_star()的声明位置在 main()的前面，这样该程序中的全部函数都可调用 print_star()。

（2）有参函数

有参函数也称为带参函数。在函数定义及函数说明时都需要带有参数，即形式参数，也称为函数参数。在函数调用时也必须给出参数，即实际参数。进行函数调用时，主调函数将把实际参数的值传送给形式参数，供被调函数使用。例 5-1、例 5-2 中的用户自定义函数均是

· 114 ·

有参函数。

注意：习惯上，用函数名加一对圆括号的形式表示函数，例如，printf()表示函数名为 printf 的函数，其中()并不代表无参。

5.2 函数的定义

C 语言规定，在程序中用到的所有函数，必须"先定义，后使用"。由于库函数在系统中已定义，因此用户不必自己定义它们，只需要用#include 命令把相关的头文件包含到本文件中即可。例如，在程序中如果要用到数学函数（如 sqrt()、sin()等），就必须在本文件的开头写上#include <math.h>。

库函数只提供了最基本、最通用的一些函数，不可能包括实际编程中所用到的全部函数，有些函数还需要用户自己定义。

函数定义的一般形式如下：

```
函数类型标识符  函数名(形参表)
{
        函数实现过程
}
```

1．函数类型标识符

函数类型标识符指明了函数的类型，函数的类型实际上是函数返回值的类型。函数类型标识符一般与 return 语句中表达式的数据类型相同。在很多情况下都不要求函数有返回值，此时函数类型标识符可以写为 void。

2．函数名

函数名是一个 C 标识符（自定义的），以便区分不同的函数。通常，用函数的功能来为函数命名，例如，函数名为 delay（延时）、display（显示）等。

3．形参表

形式参数的真值由调用它的函数（主调函数）在调用时提供。在未被调用之前，因为这些参数没有被赋值，所以称之为形式参数，简称形参。形参是函数进行数据运算和处理的条件。

在定义函数时，放在函数名之后括号中的变量名称，称为形参表。其格式为：

类型 1 形参 1，类型 2 形参 2，…，类型 n 形参 n

形参必须为变量，形参表中各个形参之间用逗号分隔，每个形参前面的类型必须分别写明。例如，定义求三个整数中最大值的函数，其定义形式如下：

```
int max(int a,int b,int c)
```

而不能写成：

```
int max(int a,b,c)
```

如果一个函数没有形参，则括号内没有任何内容，称为无参函数（括号仍要保留）。

函数定义第 1 行又称为函数首部。

4．函数实现过程

函数实现过程又称函数体，由一对花括号内的若干条语句组成，用以计算或完成特定的工作，可用 return 语句返回运算结果给主调函数。

return 语句的形式为：

```
return 表达式;
```

执行到该语句时，停止本函数的执行，并将表达式的值返回给主调函数。对于 void 类型的函数，可以没有 return 语句，函数执行到最外层右花括号"}"前面的语句结束。

5.3　函数的调用

在 C 语言中，调用标准库函数时，只需要用#include 命令把相关的头文件包含到本文件中，即可在程序中直接调用它。而调用自定义函数时，必须先定义并声明函数，之后再根据定义函数的格式调用它。

1．函数调用的一般形式

函数调用的一般形式为：

函数名（实参表）

与形参必须是变量不同，实际参数（简称实参）可以是常量、变量和表达式。

如果实参表中包括多个实参，则各参数间用逗号分隔。实参与形参的个数应相等，类型应匹配，实参与形参的顺序相对应，向形参传递数据。

【例 5-4】　将指定字符 ch 输出 n 次。

```c
#include <stdio.h>
void printchar(char c,int n);   //函数声明
int main()
{
    int n;
    char ch;
    printf("Enter a character:");
    ch=getchar();
    printf("Enter print times");
    scanf("%d",&n);
    printchar(ch,n);              //函数调用
    return 0;
}
void printchar(char c,int n)    //函数定义
{
    int i;
    for(i=1;i<=n;i++)
        putchar(c);
    printf("\n");
}
```

运行结果为：

```
Enter a character:H
Enter print times8
HHHHHHHH
```

例 5-4 中,第 14 行 "void printchar(char c,int n)" 为函数定义,该语句不能用分号结束,括号中的两个变量 c 及 n 为形参;第 11 行 "printchar(ch,n);" 为函数调用,括号中的两个变量 ch 及 n 为实参。第 2 行 "void printchar(char c,int n);" 为函数声明,必须以分号作为结束符。

2. 函数的调用过程

任何 C 程序,都是从 main()开始执行的。如果遇到某个函数调用,main()被暂停执行,转而执行相应的被调函数,该函数执行结束后,返回 main(),从原先暂停的位置继续执行。

下面以例 5-4 为例分析函数的调用过程,如图 5-1 所示。

(1) main()执行到语句

```
printchar(ch,n);
```

时,暂停 main()的执行,将变量 ch 和 n 的值分别传递给形参 c 和 n。

(2) 执行函数 printchar(),形参 c 和 n 分别接收变量 ch 和 n 的值。

(3) 执行 printchar()中的语句,完成输出相应字符的功能。

(4) printchar()执行到最后一行 "printf("\n");" 时,结束函数执行,返回 main()中调用它的地方。因为本例被调函数中没有 return 语句,所以将执行到被调函数最后一条语句。如果被调函数中有 return 语句,则被调函数结束执行,返回主调函数。

(5) 从先前暂停的位置继续执行。

```
#include <stdio.h>
void printchar(char c,int n);  //函数声明
int main()//主调函数
{
  int n;
  char ch;                              void printchar(char c,int n)
  printf("Enter a character:");        {//被调函数
  ch=getchar();                            int i;
  printf("Enter print times");             for(i=1;i<=n;i++)
  scanf("%d",&n);                              putchar(c);
  printchar(ch,n);   //函数调用            printf("\n");
  return 0;                              }
}
```

图 5-1 例 5-4 函数的调用过程

3. 函数调用方式

函数的调用通常有以下三种方式。

(1) 函数语句

把函数调用作为一条语句。例 5-4 中的 "printchar(ch,n);" 语句即为这种调用方式,其不要求函数带返回值,只要求函数完成一定功能。

（2）函数表达式

函数出现在一个表达式中，这种表达式称为函数表达式。这时要求函数返回一个确定的值。例 5-1 中的 "str[i]=low_to_upper(str[i]);" 语句将除数 low_to_upper 的返回值赋给 str[i]。

（3）函数参数

函数调用作为一个函数的实参。例如：

```
m=max(x,max(y,z));
```

其中，max(y,z)是一次函数调用，它的返回值为函数 max 另一次调用的实参。m 的值是 x,y,z 三者中的最大者。

4．参数传递

调用函数时，在大多数情况下，主调函数和被调函数之间有数据传递，这就是前面提到的有参函数。如前所述，在函数定义时，函数名后面的圆括号内的参数称为形参。在函数调用时，函数名后面圆括号内的参数为实参。

在函数调用时，会发生以下操作：

① 形参会在系统中获得临时的内存空间，进而可以接收相应的实参的值。

② 已经有确定值的实参把值传递到形参所获得的临时内存空间中，这个操作称为值传递。

实参与形参的使用要注意以下 4 点。

① 形参必须为变量，因为它要接收实参传过来的值。在未发生函数调用之前，形参并不占用内存空间。只有在发生函数调用时，系统才能给形参分配内存空间。在调用结束后，形参所占的内存空间也被释放。

② 实参可以是常量、变量、表达式，也可以是其他函数的调用，但要求实参有明确的值。

③ 如果函数的参数超过一个，则要求实参和形参在数目、类型及顺序上保持一致。其中，类型一致要求实参与形参的数据类型保持赋值兼容。

【例 5-5】 参数的传递和函数值的返回。

```
#include <stdio.h>
int fun1(float a);  //函数声明
int main()
{
    int x=1;float y;
    y=fun1(x);        //函数调用
    printf("%f\n",y);
    return 0;
}
int fun1(float a)   //函数定义
{
    return 2*a+3.5;
}
```

运行结果为：

`5.000000`

本例中，函数 func1 的形参 a 为浮点型，main()中实参 x 为整型，形参 a 得到的临时内存空间能够接收整型变量 x 的值，所以程序能正确执行。反过来，如果实参为浮点型 x=2.5，而形参 a 为整型，则将实参 x 的值转化为整数 2 以后，再传递给形参 a。另外，字符型与整型可以互相通用。

虽然实参与形参的数据类型在兼容的情况下可以不相同，但在实际编程中还是应该做到实参与形参在数目、类型及顺序上保持一致。

④ 在 C 语言中，实参向形参的数据传递是"值传递"，即单向传递，只能将实参的值复制给形参，而不能由形参传回来给实参。形参的值即使在函数中改变了，也不会影响实参。

【例 5-6】 通过函数调用交换两个变量的值。

```c
#include <stdio.h>
void swap(int x,int y);
int main()
{
    int a=2,b=3;
    printf("before swap:a=%d,b=%d\n",a,b);
    swap(a,b);
    printf("after swap:a=%d,b=%d\n",a,b);
    printf("address of a ,b:%p,%p\n",&a,&b);
    return 0;
}
void swap(int x,int y)
{
    int t;
    t=x;x=y;y=t;
    printf("in swap:x=%d,y=%d\n",x,y);
    printf("address of x,y:%p,%p\n",&x,&y);
}
```

运行结果为：

```
before swap:a=2,b=3
in swap:x=3,y=2
address of x,y:0022FF00,0022FF04
after swap:a=2,b=3
address of a ,b:0022FF1C,0022FF18
```

本例中，实参 a 和 b 与形参 x 和 y 均为 int 型。当调用 swap()时，a 的值单向传递给 x，b 的值单向传递给 y，实参 a 和 b 与形参 x 和 y 在内存中的地址不同。

调用 swap()，在 x 和 y 进行交换前，实参与形参的状态如图 5-2（a）所示。

（a）数据交换前　　　　　　　　　　　　　　（b）数据交换后

图 5-2　数据交换

在 x 和 y 进行交换后，实参与形参的状态如图 5-2（b）所示。由于实参 a 和 b 与形参 x 和 y 在内存中的地址不同，因此形参 x 和 y 的交换不会影响实参 a 和 b 的值。

本例中，即使形参名不用 x 和 y，而是用与实参名相同的 a 和 b，但它们与实参 a 和 b 所分配的内存空间不相同，形参的变化还是不会影响实参。

5. 函数原型声明

C 语言要求函数先定义后调用，就像要求变量先定义后使用一样。如果自定义函数被放在主调函数的后面，就需要在函数调用前加上函数声明（或称函数原型）。

函数声明的主要目的是把函数名、函数参数的个数和类型等信息通知编译系统，以便在遇到函数调用时，编译系统能正确识别函数并检查函数调用是否合法。

函数声明的一般形式如下：

函数类型标识符 函数名（参数表）；

其与函数首部（函数定义中的第 1 行）相同，并以分号结束。注意，函数首部不能以分号结束，这是因为首部不是一条完整的 C 语句。

如果被调函数的定义在主调函数前面，可以不必加以声明。这是因为编译系统已经知道了被调函数的相关信息，会根据被调函数首部提供的信息对函数调用进行正确性检查，见例 5-2。

在函数声明中，函数名后面圆括号内参数表中的参数名是可以省略的。

【例 5-7】 求 100 以内的全部素数，每行输出 10 个数。要求定义和调用函数 prime(n)，判断 n 是否为素数。

```c
#include <stdio.h>
int prime(int);                        //函数声明中的参数名可以省略
int main()
{
    int count=0,i;
    for(i=2;i<=100;i++)
     if(prime(i))
        {
        printf("%4d",i);
        count++;
        if(count%10==0) printf("\n");    //每行输出 10 个数
        }
    return 0;
}
int prime(int n)
{
    int i;
    for(i=2;i<n;i++)
        if(n%i==0) return 0;
    return 1;
}
```

运行结果为:

```
  2   3   5   7  11  13  17  19  23  29
 31  37  41  43  47  53  59  61  67  71
 73  79  83  89  97
```

5.4 数组名作为函数参数

在 C 语言中,也可以用数组名作为函数的参数。由于数组名代表数组的首地址,实参只是将数组的首地址传递给所对应的形参,因此形参应为数组名或指针。

【例 5-8】 输入 n 个整数存放在数组中,通过函数将该数组中的元素逆序存放。

```c
#include <stdio.h>
void reverse(int b[],int n);
int main()
{
    int a[30],i,n;
    printf("Enter n:");
    scanf("%d",&n);
    printf("Enter %d integers:",n);
    for(i=0;i<=n-1;i++)
        scanf("%d",&a[i]);
    reverse(a,n);
    for(i=0;i<=n-1;i++)
        printf("%3d",a[i]);
    printf("\naddress of a[]:%p\n",a);  //实参数组a的首地址
    return 0;
}
void reverse(int b[],int n)
{

    int i,j,t;
    for(i=0,j=n-1;i<j;i++,j--)
    {
        t=b[i];
        b[i]=b[j];
        b[j]=t;
    }
    printf("address of b[]:%p\n",b);  //形参数组b的首地址
}
```

运行结果为:

```
Enter n:6
Enter 6 integers:1 2 3 4 5 6
address of  b[]:0022FEA4
   6   5   4   3   2   1
address of a[]:0022FEA4
```

用数组名作为函数实参时，不是把实参中数组元素的值传递给形参，而是把实参数组中第一个元素（下标为 0）的地址传递形参数组，这样两个数组共享同一段内存单元。这种函数参数传递方式称为按地址传递（或称为按名传递）方式，形参值的改变将直接影响实参值。

本例中，实参数组 a 与形参数组 b 共享同一段内存单元，形参数组 b 中的元素逆序存放后，实参数组 a 中的元素也被逆序存放了，如图 5-3 所示。注意：具体内存地址在各机器中可能不同，由系统分配。

内存地址	内存单元	实参数组元素	形参数组元素
0x0022FEA4	1	a[0]	b[0]
0x0022FEA8	2	a[1]	b[1]
0x0022FEAC	3	a[2]	b[2]
0x0022FEB0	4	a[3]	b[3]
0x0022FEB4	5	a[4]	b[4]
0x0022FEB8	6	a[5]	b[5]

图 5-3 数组名作为函数参数

本例中，语句 "reverse(a,n);" 中实参数组名 a 与&a[0]是相同的，都是数组 a 的首地址，所以也可以写成 "reverse(&a[0],n);"。函数首部 "void reverse(int b[],int n)" 中，数组名 b 后跟一对空的方括号，没有指定数组长度，这是因为 C 编译系统对形参数组长度不做检查，只是将实参数组的首地址传递给形参。

5.5 函数的应用

【例 5-9】 输入两个正整数 m 和 n（$m \geq 1$，$n \leq 1000$），输出 $m \sim n$ 之间的所有完数。完数就是因子之和与它本身相等的数。要求定义并调用函数 factorsum(number)，它的功能是返回 number 的因子之和。

例如，factorsum(12)的返回值是 16（=1+2+3+4+6）。

```c
#include <stdio.h>
int factorsum(int number);
int main(void)
{
    int i,m,n;
    printf("Input m: ");
    scanf("%d",&m);
    printf("Input n: ");
    scanf("%d",&n);
    for(i=m;i<=n;i++)
```

```
            if(factorsum(i)==i)
                printf("%5d",i);
        return 0;
    }
    int factorsum(int number)
    {
        int sum,i;
        if(number==1)
            return 1;
        sum=0;
        for(i=1;i<=number-1;i++)
            if(number%i==0)
                sum=sum+i;
        return sum;
    }
```

运行结果为：

```
Input m: 1
Input n: 100
    1    6    28
```

【例 5-10】 从键盘输入一行十六进制字符串（无空格，字母必须大写），调用 hexvalue()，将其转换为十进制数（遇到非十六进制字符则结束），并输出转换结果。

```
#include <stdio.h>
int hexvalue(char str[]);
int main()
{
    char s[80];
    printf("Enter a string(hex)");
    gets(s);
    printf("%sH=%dD\n",s,hexvalue(s));
    return 0;
}
int hexvalue(char str[])
{
    int n,i,data=0;
    for (i=0;str[i]!='\0';i++)
    {
        if (str[i]>='0' && str[i]<='9')
            n=str[i]-'0';
        else if (str[i]>='A' && str[i]<='F')
            n=str[i]-'A'+10;
        else
```

```
            break;
        data=data*16+n;
    }
    return data;
}
```

运行结果为:

```
Enter a string(hex)1AB
1ABH=427D
```

【例 5-11】 从键盘输入一行字符,所有字符依次向右循环移动 m 个位置并输出,移出的字符循环放到最左边位置。

```
#include <stdio.h>
#include <string.h>
void shift_s(char a[],int n,int m);
int main(void)
{
    char  stra[80];
    int  n,m;
    printf("Enter a string:");
    gets(stra);
    n = strlen(stra);
    printf("Enter m:");
    scanf("%d",&m);
    shift_s(stra,n,m);
    printf("After rotate right %d bits:",m);
    puts(stra);
    return 0;
}
void shift_s(char a[],int n,int m)  //a 数组中的n个字符右移m个位置
{
    int  i,j;
    char t;
    for(i=1;i<=m;i++)
    {
        t=a[n-1];                       //暂存末位字符
        for (j=n-2;j>=0;j--)            //字符右移
            a[j+1] = a[j] ;
        a[0]=t;                         //末位字符放在首位
    }
}
```

运行结果为:

```
Enter a string:12345678
Enter m:3
After rotate right 3 bits:67812345
```

5.6 函数的嵌套与递归

C 语言中，因为各函数之间是平行、相互独立的关系，所以不允许函数的嵌套定义，即，不能在函数内部定义另外一个函数，但允许函数嵌套调用和递归调用。

5.6.1 函数的嵌套调用

在较为复杂的 C 程序中，通常包含多个函数，每个函数完成某个特定功能，而在这些函数中，可能存在 A 函数调用 B 函数，B 函数调用 C 函数的情况，这就是函数的嵌套调用。

【例 5-12】 输入一个正整数 n，将其转化成等价的数字字符串。

```c
#include <stdio.h>
#include <string.h>
void itos(int n,char s[]);
void reverse(char s[]);
int main()
{
    int n;
    char a[30];
    printf("Enter n:");
    scanf("%d",&n);
    itos(n,a);
    puts(a);
    return 0;
}

void itos(int n,char s[])//将正整数n转化成字符串，存放在数组s中
{
    int i;
    for(i=0;n;i++)
    {
        s[i]=n%10+'0';
        n/=10;
    }
    s[i]='\0';
    reverse(s);
}
void reverse(char s[])//数组中的字符首尾颠倒
{
```

```
    int i,j,t;
    for(i=0,j=strlen(s)-1;i<j;i++,j--)
    {
        t=s[i];
        s[i]=s[j];
        s[j]=t;
    }
}
```

运行结果为：

```
Enter n:519
519
```

本例中，main()调用 itos()，而 itos()调用 reverse()，构成了函数的嵌套调用，其调用关系如图 5-4 所示。

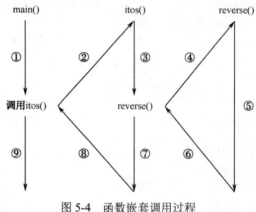

图 5-4　函数嵌套调用过程

5.6.2　函数的递归调用

一个函数在它的函数体内调用它自身，称为递归调用。这种函数称为递归函数。C 语言允许函数的递归调用。在递归调用中，主调函数又是被调函数。执行递归函数将反复调用其自身，每调用一次就进入新的一层。

1．递归调用

所谓函数的递归调用，就是指一个函数直接调用自己（即直接递归调用）或通过其他函数间接地调用自己（即间接递归调用）。直接递归调用与间接递归调用过程如图 5-5 所示。

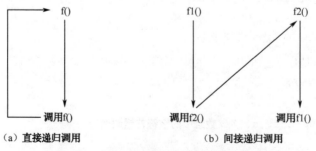

（a）直接递归调用　　　　　　　　（b）间接递归调用

图 5-5　直接递归调用和间接递归调用示例

2．递归条件

采用递归方法来解决问题，必须符合以下三个条件：

① 可以把要解决的问题转化为一个新问题，而这个新问题的解决方法仍与原来的解决方法相同，只是所处理的对象有规律地递增或递减。

说明：解决问题的方法相同，调用函数的参数每次不同（有规律地递增或递减）。如果没有规律，就不能递归调用。

② 可以应用这个转化过程使问题得到解决。

说明：使用其他的办法比较麻烦或很难解决，而使用递归的方法可以很好地解决问题。

③ 必定要有一个明确的结束递归调用的条件。

说明：一定要能够在适当的地方结束递归调用，不然可能导致系统崩溃。

【**例 5-13**】 使用递归调用的方法求 $n!$。

分析：当 $n>1$ 时，求 $n!$ 的问题可以转化为 $n(n-1)!$ 的新问题。

假设 $n=5$，有以下步骤：

S1　5*4*3*2*1　　 $n(n-1)!$

S2　4*3*2*1　　　 $(n-1)(n-2)!$

S3　3*2*1　　　　 $(n-2)(n-3)!$

S4　2*1　　　　　 $(n-3)(n-4)!$

S5　1　　　　　　 $(n-5)!$，即 $(5-5)!=0!=1$，得到值 1，结束递归

程序如下：

```c
#include <stdio.h>
int fact(int n);
int main()
{
    int n;
    printf("Enter n:");
    scanf("%d",&n);
    if(n>=0)
        printf("%d!=%d\n",n,fact(n));
    else
        printf("input data error!\n");
    return 0;
}
int fact(int n)          //每次调用均使用不同的参数
{
    int t;               //每次调用都会为变量 t 开辟不同的内存空间
    if(n==0 || n==1)     //当满足这些条件时返回 1
        t=1;
    else
        //每次运行到这里，就会用 n-1 作为参数再调用一次本函数，这里是调用点
```

```
            t=n*fact(n-1);
        return t;    //只有在上一条语句调用的所有过程全部结束后，才会运行到此处
    }
```

运行结果为：

```
Enter n:5
5!=120
```

程序中，fact()是一个递归函数。main()调用 fact()后即进入该函数执行，fact()递归调用过程分为两个阶段：第一阶段是"递推调用"阶段，当 n>1 时，不断地调用 fact()自己，每次调用只是参数不同而已；第二阶段是"回归计算"阶段，即先得到 fact(1)的值，然后返回该值到 fact(2)的"t=2*fact(1);"语句中，接着计算出 fact(2)的值并返回该值到 fact(3)的"t=3*fact(2);"语句中，其余类推，直到计算出 fact(5)的值并返回 main()，最终得到递归调用结果。本例的调用过程如图 5-6 所示。

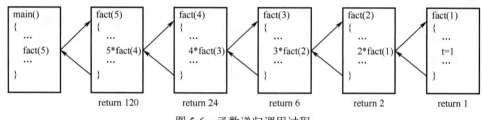

图 5-6　函数递归调用过程

3．递归说明

① 当函数自己调用自己时，系统将自动把函数中当前的变量和形参暂时保留起来，在新一轮的调用过程中，系统为新调用函数所用到的变量和形参开辟另外的内存空间。每次调用函数所使用的变量都保存在不同的内存空间中。

② 递归调用的层次越多，同名变量占用的内存空间也就越多。一定要记住，每次函数调用，系统都会为该函数的变量开辟新的内存空间。

③ 当本次调用的函数运行结束时，系统将释放本次调用所占用的内存空间，并且程序的流程返回到上一层的调用点，同时取得当初进入该层时，变量和形参所占用的内存空间中的数据。

④ 所有递归问题都可以用非递归的方法来解决，但对于一些比较复杂的递归问题，用非递归的方法往往使程序变得十分复杂、难以读懂，而函数的递归调用在解决这类问题时能使程序简单明了并具有较好的可读性。但由于在递归调用过程中，系统要为每层调用的变量开辟新的内存空间，还要记住每层调用后的返回点，这会增加许多额外的开销，因此函数的递归调用通常会降低程序的运行效率。

【例 5-14】　用递归调用的方法求 1+2+3+…+n。

```c
#include <stdio.h>
int sum(int n);
int main()
{
    int n;
    printf("Enter n:");
```

```
        scanf("%d",&n);
        printf("1+2+3+...+n=%d\n",sum(n));
        return 0;
    }
    int sum(int n)
    {
        int s;
        if(n==0)
            s=0;
        else
            s=n+sum(n-1);
         return s;
    }
```
运行结果为：

```
Enter n:5
1+2+3+...+n=15
```

5.7　局部变量与全局变量

在前面介绍函数参数传递中提到，形参变量要等到函数被调用时才分配内存空间，调用结束后立即释放内存空间。这说明形参变量的作用域非常有限，只能在被调函数内部使用，离开该函数就无效了。所谓作用域（scope），就是变量的有效范围。

不仅对于形参变量，C 语言中所有的变量都有自己的作用域。决定变量作用域的是变量的定义位置。

5.7.1　局部变量

定义在函数内部的变量称为局部变量（local variable），它的作用域仅限于函数内部，离开该函数后就是无效的，再使用它就会报错。

【例 5-15】　试分析下列程序的运行结果。

```
#include <stdio.h>
int main()
{
    int a;              //a 仅在 main()中有效
    a=1;
    {
        int b=0;        //b 仅在第 6～10 行语句块中有效
        b=a+b;
        a=a+b;
    }
    printf("%d",a);
    printf("%d",b);  //系统会报错
```

```
        return 0;
    }
```

编译该程序时，系统会报错，这是因为第 12 行语句 "printf("%d",b);" 中变量 b 的作用域为第 6～10 行语句块，出了该语句块，系统会将该变量的内存空间收回。

说明：

① 在 main()中定义的变量也是局部变量，只能在 main()中使用；同时，在 main()中也不能使用其他函数中定义的变量。main()也是一个函数，与其他函数地位平等。

② 形参变量、在函数体内定义的变量都是局部变量。实参给形参传值的过程也就是给局部变量赋值的过程。

③ 可以在不同的函数中使用相同的变量名，它们表示不同的数据，分配不同的内存空间，互不干扰，也不会发生混淆。

④ 在语句块中也可以定义变量，它的作用域只限于当前语句块。

5.7.2　全局变量

在所有函数外部定义的变量称为全局变量（global variable），它的有效范围从定义变量的位置开始到本源文件结束。

【例 5-16】　试分析下列程序的运行结果。

```c
#include <stdio.h>
int a,b;  //全局变量
void func1()
{
    a=2;
  b=3;
    printf("a+b=%d\n",a+b);
}
int x,y;  //全局变量
int func2()
{
    x=2;
    y= x+a;
    return y;
}
int main()
{
    func1();
    printf("y=%d\n",func2());
    return 0;
}
```

运行结果为：

a, b, x, y 都是在函数外部定义的全局变量。C 程序是从前往后依次执行的，因为 x, y 定义在 func1()之后，所以在 func1()内无效；而 a, b 定义在程序的开头，所以在 func1()、func2()和 main()内都有效。

【例 5-17】 试分析下列程序的运行结果。

```c
#include <stdio.h>
int n = 10;                       //全局变量
void func1()
{
    int n = 20;                   //局部变量
    printf("func1 n: %d\n", n);
}
void func2(int n)
{
    printf("func2 n: %d\n", n);
}
void func3()
{
    printf("func3 n: %d\n", n);
}
int main()
{
    int n = 30;                   //局部变量
    func1();
    func2(n);
    func3();
    //代码块由{}包围
    {
        int n = 40;               //局部变量
        printf("block n: %d\n", n);
    }
    printf("main n: %d\n", n);
    return 0;
}
```

运行结果为：

```
func1 n: 20
func2 n: 30
func3 n: 10
block n: 40
main n: 30
```

程序中虽然定义了多个同名变量 n，但它们的作用域不同，在内存空间中的位置（地址）也不同，所以是相互独立的变量，互不影响，不会产生重复定义（redefinition）错误。

① func1()的输出结果为 20，显然使用的是函数内部的 n，而不是外部的 n；func2()也是相同的情况。

② 当全局变量和局部变量同名时，在局部范围内全局变量将被"屏蔽"，不再起作用。或者说，变量的使用遵循就近原则，如果在当前作用域中存在同名变量，就不会到更大的作用域中去寻找变量。func3()输出 10，使用的是全局变量，因为在 func3()中不存在局部变量 n，所以编译器只能到函数外部，也就是全局作用域中去寻找变量 n。

③ 由{}包围的语句块也拥有独立的作用域，printf()使用自己内部的变量 n，输出 40。

④ C 语言规定，只能从小的作用域向大的作用域中去寻找变量，而不能反过来，使用更小的作用域中的变量。对于 main()，即使语句块中的 n 离输出语句更近，但它仍然会使用 main()开头定义的 n，所以输出结果是 30。

【例 5-18】 根据长方体的长、宽、高求它的体积以及三个面的面积。

```c
#include <stdio.h>
int s1, s2, s3;  //面积
int vs(int a, int b, int c)
{
    int v;  //体积
    v = a * b * c;
    s1 = a * b;
    s2 = b * c;
    s3 = a * c;
    return v;
}
int main()
{
    int v, length, width, height;
    printf("Input length, width and height: ");
    scanf("%d %d %d", &length, &width, &height);
    v = vs(length, width, height);
    printf("v=%d, s1=%d, s2=%d, s3=%d\n", v, s1, s2, s3);
    return 0;
}
```

运行结果为：

```
Input length, width and height: 2 3 4
v=24, s1=6, s2=12, s3=8
```

根据题意，希望借助一个函数得到 4 个值：体积 v 以及三个面的面积 s1, s2, s3。遗憾的是，C 语言中的函数只能有一个返回值，所以只能将其中的一份数据，也就是体积 v 放到返回值中，而将面积 s1, s2, s3 设置为全局变量。全局变量的作用域是整个程序，在 vs()中修改 s1, s2, s3 的值，能够影响包括 main()在内的其他函数。

说明：

① 虽然使用全局变量可以增加各个函数之间数据的传输渠道，即在某个函数中改变一个全局变量的值，就可能影响其他函数的执行结果，因此，过多地使用全局变量可能会带来副作用，导致各函数之间相互干扰。

② 定义在函数体内的局部变量会随着函数被调用而获得内存空间，函数调用结束后自动释放所占的内存空间，而全局变量在程序执行过程中一直占用内存空间，所以定义的全局变量越多，内存空间消耗越大。

③ 全局变量降低了函数的通用性、可靠性和可移植性，所以在一般情况下，应慎用全局变量，尽可能使用局部变量和函数参数。

5.8 变量的存储方式

前面介绍了变量的一个重要属性：作用域。从作用域的角度来看，变量可以分为全局变量和局部变量。

变量还有一个重要的属性：变量的生存期，就是变量存在的时间。有的变量在程序运行的整个过程都是存在的，而有的变量则只有在调用其所在的函数时，系统才临时给它分配内存空间，而在函数调用结束后其所占用的内存空间马上会被系统收回，变量就不存在了。

从变量存在时间的角度来看，变量的存储方式可以分为静态存储方式和动态存储方式。静态存储方式是指在程序运行期间分配固定的内存空间的方式，而动态存储方式是指在程序运行期间根据需要动态地分配内存空间的方式。

5.8.1 变量存储的内存空间分布

内存中供用户使用的空间通常分为三个部分：程序区、静态存储区和动态存储区，如图 5-7 所示。

程序区 如主函数main()、函数 vs()		
数据区	静态存储区	全局变量
		静态局部变量
	动态存储区	动态局部变量
		函数的形参
		函数调用时的现场保护及 返回地址等

图 5-7　内存中的存储分布示意图

静态存储区采用静态存储方式给变量分配固定的内存空间，动态存储区采用动态存储方式根据需要给变量动态地分配内存空间。

静态存储区存放全局变量和静态局部变量。全局变量全部存放在静态存储区中，在程序开始执行时，给全局变量分配内存空间，程序运行结束后，释放内存空间。在程序执行过程中，全局变量占据固定的内存空间，而不动态地进行分配和释放。

动态存储区存放以下数据：

① 动态局部变量（未用 static 声明的局部变量）。

② 函数的形参。

③ 函数调用时的现场保护及返回地址等。

动态存储区中的变量，在函数调用时被动态地分配内存空间，在函数调用结束时释放这些空间。

5.8.2　变量的存储类别

1. 自动变量

在函数内部定义的变量，包括函数的形参，都是动态存储方式，数据存储在动态存储区中。这类变量所在函数被调用时，系统会给它们分配内存空间，在函数调用结束时自动释放这些内存空间。这类变量称为自动变量（auto 变量），定义时可用关键字 auto 说明，关键字 auto 也可以省略。

例如：

```
int vs(int a, int b, int c){
    auto int v;
    …
}
```

其中，a, b, c, v 都是自动变量，函数执行完后，自动释放 a, b, c, v 所占的内存空间。

2. static 变量

在静态存储区中，除全局变量外，还有一种特殊的局部变量——静态局部变量（static 变量）。这类变量存放在静态存储区中，其所占的内存空间不像自动变量一样会随着函数调用结束而被系统收回。其生存期会持续到程序运行结束。如果该函数再次被调用，则静态局部变量将使用上次调用结束时的值。

定义格式如下：

```
static 类型名　变量名
```

【例 5-19】 输入一个正整数 n，输出 $1! \sim n!$ 的值。要求：定义并调用含有静态局部变量的函数 fact() 计算 $n!$。

```
#include <stdio.h>
long fact(int n);
int main()
{
    int i,n;
    printf("Enter n:");
    scanf("%d",&n);
    for(i=1;i<=n;i++)
        printf("%3d!=%4ld\n",i,fact(i));
    return 0;
}
long fact(int n)
{
    static long f=1;
```

```
        f=f*n;
        return f;
    }
```

运行结果为：

```
Enter n:6
  1!=      1
  2!=      2
  3!=      6
  4!=     24
  5!=    120
  6!=    720
```

本例 fact()中并没有用循环语句来计算 $n!$，而是利用静态局部变量的特点，每次调用函数时，静态局部变量 f 中保存着上次调用结束时的结果：$(n-1)!$。$n(n-1)!$就是 $n!$的值。

说明：

① 静态局部变量属于静态存储方式，在静态存储区内分配内存空间。这些空间在整个程序运行期间都不被释放。而自动变量属于动态存储方式，占用动态存储区，函数调用结束后所占空间即被释放。

② 在第一次调用函数时，系统给静态局部变量分配内存空间、赋初值，而函数再次被调用时，系统不再给它分配内存空间，也不再赋初值，即只赋初值一次，其值就是上次调用结束时的结果。而自动变量每次被调用时，系统都需要给它分配内存空间、赋初值，调用结束后，系统会收回所占空间，即每调用一次，赋初值一次。

③ 如果在定义静态局部变量时没有赋初值，则系统自动赋 0（对数值型变量）或空字符串（对字符型变量）。而对自动变量来讲，如果在定义时没有赋初值，则它的值是一个不确定的值。

④ 虽然静态局部变量在函数调用结束后仍然存在，但其他函数是不能引用它的。这是因为它还是一个局部变量，只能在本函数中引用，不能被其他函数引用。

5.9　小结

1）函数是构成 C 程序的基本单位，使用前需要先定义。函数定义一般形式如下：

```
函数类型标识符　函数名（形参表）
{
    函数实现过程
}
```

2）通过调用函数的方式来使用函数，有参函数在调用过程中会发生值的传递，分为单向的值传递和双向的地址传递两类。另外，函数可以嵌套调用和递归调用。

3）局部变量又称内部变量，是在函数内部定义的，其作用域也是函数内部；全局变量也称外部变量，是在函数外部定义的，其作用域从定义的地方开始直至程序结束。全局变量在求解过程中若与局部变量同名，则使用局部变量的值。

4）变量可存储在内存的动态存储区和静态存储区中。变量可分为 auto（自动）变量、static（静态）变量、extern（外部）变量及 register（寄存器）变量。其中，auto 变量存放在动态存储区中，static 变量和 extern 变量存放在静态存储区中。

5）静态存储区中的变量，如果没有被初始化，则初值为 0；而且初值只用一次，以后使用变量的最新变化值。

综合练习题

1．最大公约数。

【问题描述】用递归方法编写求最大公约数程序。两个正整数 x 和 y 的最大公约数定义为：如果 y<=x 且 x mod y=0，则 gcd(x,y)=y；如果 y>x，则 gcd(x,y)=gcd(y,x)；其他情况，gcd(x,y)=gcd(y,x mod y)。

【输入形式】

用户在第一行输入两个数，以空格隔开。

【输出形式】

程序在下一行输出两个数的最大公因子。

【样例输入】

    36 24

【样例输出】

    12

【样例说明】

用户输入 36 和 24，程序输出它们的最大公因子 12。

2．合并字符串。

【问题描述】

编写一个函数 void str_bin(char str1[ ], char str2[ ])，其中，str1、str2 是两个有序字符串（字符已按 ASCII 码值从小到大排序），将 str2 合并到 str1 中，要求合并后的字符串仍是有序的，并且允许字符重复。在 main()中测试该函数：从键盘输入两个有序字符串，然后调用该函数，最后输出合并后的结果。

【输入形式】

分两行从键盘输入两个有序字符串（不超过 100 个字符）。

【输出形式】

输出合并后的有序字符串。

【样例输入】

    aceg

    bdfh

【样例输出】

    abcdefgh

【样例说明】

输入两个有序字符串"aceg"和"bdfh"，输出合并后的有序字符串"abcdefgh"。

3．整数合并。

【问题描述】

编写一个函数 int comb(int a,int b)，将两个正整数 a、b（取值范围为 10～1000000）的十位数和个位数合并形成一个整数并返回。合并的方式是：将 a 的十位数和个位数依次放在结果的十位和千位上，将 b 的十位数和个位数依次放在结果的个位和百位上。例如，a=45，b=12，调用该函数后，返回 5241。要求在 main()中调用该函数进行验证：从键盘输入两个整数，然后调用该函数进行合并，并输出合并后的结果。

【输入形式】

输入两个两位数的正整数，以空格隔开。

【输出形式】

输出合并后的正整数。

【样例输入】

    45 12

【样例输出】

    5241

4．绝对素数。

【问题描述】

所谓"绝对素数"是指具有如下性质的素数：一个素数，将它的各位上的数逆序排列后形成的整数仍为素数，这样的数称为绝对素数。例如，11、79 和 389 是素数，其各位上的数逆序排列后分别为 11、97 和 983，仍为素数，因此这三个素数均为绝对素数。编写函数 int absolute(int x)，判断 x 是否为绝对素数，如果 x 是，则返回 1，否则返回 0。编写程序 absolute.c，接收控制台输入的两个整数 a 和 b。调用 absolute()输出所有 a 和 b 之间（包括 a 和 b）的绝对素数。

【输入形式】

从控制台输入两个整数 a 和 b，以空格分隔。

【输出形式】

输出有若干行，每行有一个 a 和 b 之间的绝对整数。各行的数不重复，且按从小到大的顺序依次输出。

【样例输入】

    80 120

【样例输出】

    97

    101

    107

    113

【样例说明】

输入整数 a=80，b=120，要求输出所有[80, 120]之间的绝对素数。结果为：97,101,107,113，按升序分行输出。

5．组数。

【问题描述】输入一行字符串（设字符数不大于 80），提取该字符串中的数字字符并组成一个整数，输出该整数及其两倍的值。要求在主函数中输入字符串，并输出复制结果，在被调函数中提取该字符串中的数字字符并组成一个整数。

【输入形式】

输入一行字符串。

【输出形式】

提取该字符串中的数字字符并组成一个整数，输出该整数及其两倍的值。

【样例输入】（下画线部分为键盘输入）

```
Enter a string: ab34df6
```

【样例输出】

```
digit=346,692
```

【样例说明】

输入提示符后要加一个空格。例如，"Input integers: "，在 "："后面要加一个且只能有一个空格。英文字母区分大小写。必须严格按样例输入打印。

6. 整数逆向输出。

【问题描述】

输入一个整数，将其逆向输出。要求定义并调用函数 fun(n)，它的功能是返回 n 的逆向值。例如，fun(123)的返回值是 321。

【输入形式】

从键盘输入一个整数。

【输出形式】

将输入的数逆向输出。

【样例输入 1】

```
123
```

【样例输出 1】

```
321
```

【样例输入 2】

```
-910
```

【样例输出 2】

```
-19
```

7. 求新数和倍数。

【问题描述】

从键盘输入正整数 n 和 $0\sim9$ 范围内的一个数 m，判断 m 是否存在于 n 中（用函数实现），若不存在则输出 "m 不存在于 n 中"（m 和 n 以具体输入的值代替）；若存在则删除 n 中的数字 m，构成一个新数 k（高位为原高位，低位为原低位），并用原数 n 除以新数 k，得到倍数（保留两位小数），然后依次输出新数 k 及其倍数，中间以一个逗号分隔。

【样例输入 1】

```
12345 2
```

【样例输出 1】

```
1345,9.18
```

【样例说明 1】

n 为 12345，m 为 2；删除 2 后的新数 k 为 1345，n 是 k 的 9.18 倍。

【样例输入 2】

```
12045 0
```

【样例输出 2】

```
1245,9.67
```

【样例说明 2】

n 为 12045，*m* 为 0；删除 0 后的新数 *k* 为 1245，*n* 是 *k* 的 9.67 倍。

【样例输入 3】

12345 6

【样例输出 3】

6 不存在于 12345 中

【样例说明 3】

n 为 12345，*m* 为 6；输出"6 不存在于 12345 中"。

第6章 指针与结构体

指针是 C 语言的一个重要特色，C 语言因为有了指针而更加灵活和高效。很多 Mission Impossible——看似不可能的任务，都是由指针完成的。本章我们将学习并体会指针的强大功能和独特魅力。本章内容包括：通过指针来操作某些不能被直接访问的数据；通过指针来实现调用一次函数得到多个返回值；通过指针来进行计算机的动态内存分配；通过指针来处理复杂的数据结构，如链表。

6.1 指针

前面访问变量和数组都是通过它们的名字来直接访问的，这类似于学生们可以按照实验室名字找到对应的实验室上机。而除直接按照实验室的名字来找到对应的实验室上机外，学生们也可以按照实验室所在的教室编号进行寻找，如图 6-1 所示，这就类似于 C 语言中通过指针来间接访问变量。

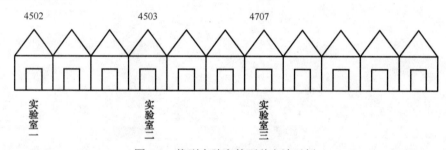

图 6-1　找到实验室的两种方法示例

要理解指针，首先要理解变量、内存单元和地址之间的关系。

6.1.1　变量的内存地址

通过前面章节的学习我们已经知道，C 程序中的变量都是被存储在计算机内存中的，内存以字节为基本的存储单元，每个字节都编有一个唯一的地址，类似于宾馆每个房间都有一个房间号。程序根据变量的类型（局部变量或全局变量），在程序编译或者函数调用的时候为变量分配需要的内存空间。图 6-2 中，一个 int 型变量 a 将会被分配 4 字节（内存空间），那么变量在内存空间的首地址（图中分配了从 0x0022FF44 开始的 4 字节，首地址为 0x0022FF44）就是变量 a 的内存地址；内存单元中存储的数据 0 就是变量 a 的值。

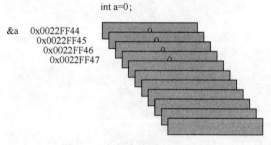

图 6-2　变量内存地址示意图

注意：我们知道，不同平台、不同类型的数据占用的内存空间不尽相同，如图 6-2 所示为

32 位机，一个 int 型变量占 4 字节，而一个 char 型变量占 1 字节，一个 double 型变量占 8 字节，其他内存占用情况请参见相关内容，这里不再赘述。

那么，在程序中如何获得变量的内存地址呢？其实前面介绍输入函数时就获取过变量的地址。"scanf("%d", &a);" 语句中将取地址运算符（&）作用于变量名 a 就表示取出变量 a 的内存地址，"scanf("%d", &a);" 语句的作用就是从键盘接收数据并直接存放到变量 a 的内存地址处，类似于我们知道了房间的门牌号直接进去放东西。在变量名之前使用取地址运算符（&）也称为对变量的引用。

6.1.2　指针变量

1．指针变量的基本操作

如果要存放变量的内存地址（即指针），则需要一种特殊类型的变量，即指针变量。指针变量就是专门用于存放变量地址的变量。如果定义了一个指针变量并且存放了另一个变量的地址，就称该指针指向那个变量，接下来就可以通过指针来间接访问它指向的变量了。通过指针来间接访问变量的基本操作可以分为以下三步。

（1）定义指针变量

指针变量要先定义，再使用。指针变量定义的一般形式为：

  类型名 *指针变量名;

其中，类型名表示指针期望指向的变量的数据类型，*表示这里定义的是一个指针变量，是可以用来存放变量地址的。例如：

  `int *pa;`

这条语句定义了一个指针变量，此指针变量的名字是 pa，该指针可以用来指向一个 int 型变量，即该指针变量可以存放一个 int 型变量的地址。

（2）指针变量赋值

指针变量定义后不能被直接使用，必须先将它赋值为某个变量的地址，然后才能使用。例如，有以下变量 a 和指针变量 pa 的定义语句：

  `int a=0;`

  `int *pa;`

那么可以在此基础上给 pa 赋值为 a 的地址：

  `pa=&a;`

这样一来，pa 存放了 a 的地址，就称 pa 指针指向 a，其内存示意图如图 6-3 所示。

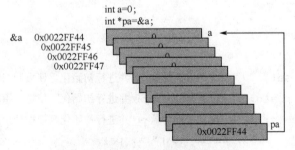

图 6-3　指针指向变量的内存示意图

（3）指针变量初始化

也可以在定义指针变量的同时完成赋值，这也称为指针变量的初始化。例如：

```
int a=0;
int *pa=&a;    //定义指针变量 pa 并用变量 a 的地址对其进行初始化，使 pa 指针指向 a
```

图 6-4　简化内存示意图

指针变量 pa 被初始化为&a，即变量 a 的地址后，内存示意图如图 6-3 所示，此时 pa 的内存空间里保存的是 a 的首地址（0x0022FF44），我们就称 pa 指针指向 a。今后，为了表示方便，我们可以把内存示意图简化成如图 6-4 所示的形式。

当然，指针变量在赋值或者初始化后也可以被重新赋值为其他变量的地址，重新赋值后将使其指针指向其他变量。可以把指针变量、引用和变量的关系类比为信封、地址和房子。一个指针变量就好像是一个信封，我们可以在上面填写其他房子的地址。一个引用（地址）就像是一个房子实际的地址。我们可以把信封上的地址擦掉，写上另外一个地址。

（4）通过指针间接访问变量

当为指针变量建立了指向关系后，可以通过指针来间接访问它指向的变量，此时需将间接访问运算符（*）作用于指针变量来得到指针指向的那个变量的值。

例如，若已经通过赋值或初始化将 pa 指针指向了变量 a，那么我们除直接用变量名 a 访问 a 外，还有另一种间接访问 a 的方法，那就是将间接访问运算符（*）作用于 pa，即*pa。如图 6-5 所示，当 pa 指针指向 a 后，*pa 就和 a 完全等价，读/写*pa 就是读/写 a。

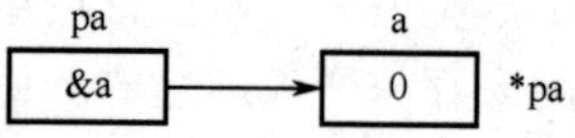

图 6-5　通过指针间接访问变量

例如，若有以下两条语句：

```
int a=0;
int *pa=&a;
```

那么 pa 指针指向变量 a，*pa 和 a 完全等价。举例说明如下：

```
printf("%d",*pa);    //输出 pa 指针所指向的变量 a 的值，为 0
*pa=1;               //修改 pa 指针所指向的变量 a 的值，修改后变量 a 的值为 1
printf("%d",*pa);    //修改后输出 pa 指针所指向的变量 a 的值，为 1
```

【例 6-1】　使用指针变量间接访问变量示例。

```
#include<stdio.h>
int main()
{
    int a=1;
    double b=3.14;
    char c='A';
    int *pa=&a;        //定义指针变量 pa 并进行初始化，使指针指向变量 a
    double *pb=&b;     //定义指针变量 pb 并进行初始化，使指针指向变量 b
    char *pc=&c;       //定义指针变量 pc 并进行初始化，使指针指向变量 c
    printf("a is %d,*pa is %d\n",a,*pa);
    printf("b is %f,*pb is %f\n",b,*pb);
    printf("c is %c,*pc is %c\n",c,*pc);
```

```
    return 0;
}
```

在 Code::Blocks 环境下的运行结果为：

```
a is 1,*pa is 1
b is 3.140000,*pb is 3.140000
c is A,*pc is A
```

可以看到，每行的两个输出结果都相同，说明在为指针建立了指向关系后，可以通过指针变量来完全访问指针指向的变量。

注意：必须先给指针变量赋值或者将其初始化为某个变量的地址，然后才能使用这个指针变量。指针变量如果未被赋值或者初始化，它的值就是一个随机值，不能确定指针指向哪里，此时如果直接进行间接访问操作（尤其是写操作），将会带来很大的风险，严重时可能造成程序崩溃甚至系统崩溃。

【例6-2】 未赋值或初始化的指针变量错误使用示例。

```
#include<stdio.h>
int main()
{
    int a=0;
    int *pa; //定义指针变量 pa 但没有进行赋值或初始化
    printf("a is %d,&a is %x,pa is %x\n",a,&a,pa);
    *pa=5;   //直接用未赋值的指针变量进行写操作会出错
    return 0;
}
```

此程序在 Code::Blocks 环境下运行会出现如图 6-6 所示的错误，这里指针变量 pa 的随机值为 2，不能确定内存地址 2 处存放了什么变量，因此不能用 pa 指针来进行间接访问，而例 6-2 的后续语句直接用*pa 来进行写操作，会使程序崩溃甚至系统崩溃，这非常危险。

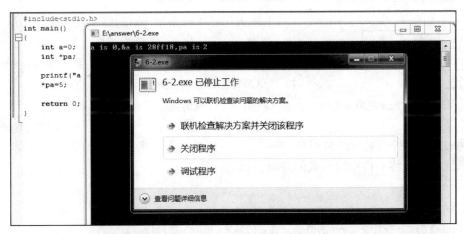

图 6-6 指针变量未赋值就使用的错误示例

例 6-2 的正确写法如下：

```
#include<stdio.h>
int main()
```

```
{
    int a=0;
    int *pa;
    pa=&a;//定义指针变量 pa 并赋值为变量 a 的地址
    printf("a is %d,&a is %x,pa is %x\n",a,&a,pa);
    *pa=5;//用 pa 指针间接访问变量 a
    return 0;
}
```

注意：对指针变量进行赋值或初始化，必须使用变量的地址，而不能使用整型的常量或变量。例如，int *p=2000 是错误的，原因是无法知道地址 2000 处存放了什么数据或代码。

如果定义指针变量时还没有想好要把指针指向哪个变量，那么可以先赋一个初值 NULL，之后用到的时候再赋为其他变量的地址。NULL 是一个指针常量，在头文件 stdio.h 中被一条预编译指令#define NULL 0 定义为 0。因为内存中的 0 地址空间将被保留，不会被安排给任何一个数据或代码，所以指向 0 地址空间的指针称为空指针。

总结：定义指针变量后，要让指针指向一个已知的数据空间或把它置为 NULL。如果不这么做，那么指针变量的值是一个随机值，我们不知道指针指向内存的哪个地址空间，如果指针指向系统的关键内存，就可能会使程序崩溃甚至系统崩溃。

2．指针变量的其他运算

（1）相同类型的指针变量赋值

只有相同类型的指针变量才能够相互赋值。同类型指针变量赋值，其目的是建立相同的指向关系，例如：

```
int a=0;
int *pa=&a; //定义指针变量 pa 并进行初始化，使指针指向变量 a
int *pb;      //定义指针变量 pb
pb=pa;
```

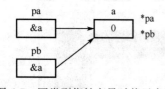

上述语句将指针变量 pa 的值赋值给指针变量 pb，即 &a，此时 pb 指针与 pa 指针均指向变量 a，即指针变量赋值能建立相同的指向关系。其指向关系如图 6-7 所示，此时，*pa、*pb 和 a 这三种表示法完全等价。

图 6-7　同类型指针变量赋值示意图

（2）自增自减运算

设 p 为指针变量，则"p++;"或"++p;"相当于"p=p+1;"。

注意：此时指针变量 p 的值不是单纯地加 1，而是加上 p 指针指向的变量所占用的内存字节数，因此 p 指针将不再指向原来的变量。例如：

```
int a=0;
int *pa;
pa=&a;// 指针变量 pa 的值是变量 a 的地址，即 pa 指针指向 a
printf("a is %d,&a is %x,pa is %x\n",a,&a,pa);
/*此时观察 pa 的值，就是 a 的地址*/
pa++;//pa++后，其值不再是 a 的地址，此时 pa 指针不再指向 a
```

```
printf("a is %d,&a is %x,pa is %x\n",a,&a,pa);//再观察 pa 的值
```
运行结果为:

```
a is 0,&a is 22ff44,pa is 22ff44
a is 0,&a is 22ff44,pa is 22ff48
```

可以看出,pa++后,其值加4,因为一个 int 型变量在 32 位环境下占用的内存字节数是 4,也就是说,指针变量的自增运算其实是加上指针指向的变量所占用的内存字节数,pa++后指针也不再指向变量 a。

同理,"p--;"或"--p;"相当于"p=p-1;"。

注意:此时指针变量 p 的值也不是单纯地减 1,而是减去 p 指针指向的变量的内存字节数,因此 p 指针不再指向原来的变量。

而"(*p)++;"或"++(*p);"相当于"*p=*p+1;",因此 p 指针指向的变量的值加 1。

【例6-3】 指针变量使用示例。

```
#include<stdio.h>
int main()
{
    int a=0;
    int *pa;
    pa=&a;//pa 指针指向 a
    printf("a is %d,*pa is %d\n",a,*pa);
    (*pa)++;//p 指针指向变量的值+1,即 a 的值加 1
    printf("a is %d,*pa is %d\n",a,*pa);
    return 0;
}
```

运行结果为:

```
a is 0,*pa is 0
a is 1,*pa is 1
```

说明(*pa)++后,p 指针指向的变量 a 的值加 1。

同理,"(*p)--;"或"--(*p);"相当于"*p=*p-1;",即 p 指针指向的变量的值减 1。

(3)指针变量的加/减整数运算

当一个指针指向数组中的某个元素时,可以通过对指针变量加、减一个整数,从而以"前、后移动"指针的方式访问整个数组。详见 6.1.3 节中"通过指针访问数组元素"的内容。

(4)关系运算

可以通过判断两个指针变量是否相等从而确定它们的指针是否指向同一个变量;当两个指针指向同一个数组中的元素时,可以比较两个指针变量的大小,以确定它们的指针指向的元素在数组中的前、后位置。

指针变量是专门用于存储变量地址值的特殊变量,因此指针变量的值就是内存地址值,例如,对指针变量进行乘法、除法等运算,其实都是对内存地址值进行此类运算,因此没有意义。

6.1.3 指针与数组

指针不仅可以用来访问单个变量,也可以用来遍历访问数组,本节主要学习如何通过指

针来访问一维数组，为在被调函数中操作主调函数中的数组打下基础。

1. 数组名的特殊意义

在前面介绍数组时曾经讲过，编译系统会为数组在内存中分配一段连续的空间，依次存放数组中的各个元素。在 C 语言中，数组名有着特殊的含义，它就是数组的第一个元素（下标为 0 的数组元素）的内存地址。这是一个地址常量，是不能被改变的，因此我们可以将数组名看作一个指针常量。前面引用数组元素用的是数组名配合下标的下标法，现在知道数组名的指针常量特性后，也可以用数组名的指针方法来引用数组元素。

一维数组的地址示意图如图 6-8 所示。数组名 a 代表 a[0]的地址（即&a[0]，图中的内存地址为 0x0022FF10），那么基于前面讲的指针知识，*a 就表示访问内存地址 0x0022FF10 处所存的内容，即*a 等价于数组元素 a[0]。表达式 a+1 表示的是 a[1]的地址（即&a[1]，图中的内存地址为 0x0022FF14），*(a+1)就表示访问 a+1 所指的存储单元中的内容，即*(a+1)等价于数组元素 a[1]。其余类推，表达式 a+i 表示的是 a[i]的地址（即&a[i]），*(a+i)表示访问 a+i 所指的存储单元中的内容，即元素 a[i]。

图 6-8　一维数组的地址示意图

【例 6-4】　用下标引用数组元素法完成数组的输入、输出。

```c
#include <stdio.h>
int main()
{
    int a[10];
    int i;
    for(i=0;i<10;i++)
        scanf("%d",&a[i]);//这里用&a[i]表示数组元素 a[i]的地址
    for(i=0;i<10;i++)
        printf("%d ",a[i]);//这里用数组名配合下标表示数组元素
    return 0;
}
```

例 6-4 中的下标引用数组元素法可以完全等价为例 6-5 的指针常量引用数组元素法。

【例 6-5】　用指针常量引用数组元素法完成数组的输入、输出。

```c
#include <stdio.h>
int main()
{
    int a[10];
    int i;
```

```
    for(i=0;i<10;i++)
        scanf("%d",a+i);//这里用数组名+偏移量来表示数组元素的地址
    for(i=0;i<10;i++)
        printf("%d ",*(a+i));//这里用指针常量引用数组元素
    return 0;
}
```

2. 通过指针访问数组元素

前面把数组名看作一个指针常量,通过"数组名+偏移量"可以访问数组中的各个元素。

如果定义了一个指针变量并将其赋值为某个数组的数组名,那么通过其指针也可以访问整个数组中的元素。

图 6-9 上面的两行代码,先定义了一个与数组元素同类型的指针变量 p,然后将 p 赋值为 a(或写成&a[0])后,p 的值就是数组首元素(a[0])的地址,那么 p 指针指向 a[0],*p 等价于数组首元素 a[0]。表达式 p+1 表示的是下一个元素的地址,即数组元素 a[1]的地址(&a[1],图中的内存地址为 0x0022FF14),*(p+1)表示访问数组元素 a[1]。其余类推,表达式 p+i 表示的是数组元素 a[i]的地址(即&a[i]),*(p+i)就表示访问数组元素 a[i]。因此,例 6-4 中的下标引用数组元素法也可以完全等价为例 6-6 的指针引用数组元素法。

图 6-9　通过指针来访问数组的等价性

【例 6-6】 用指针引用数组元素法完成数组的输入、输出。

```
#include <stdio.h>
int main()
{
    int a[10];
    int *p;
    for(p=a;p<a+10;p++)  /*对 p 赋初值为数组名 a(也就是数组首元素 a[0]的地址),即
                            p 指针指向 a[0]*/
        scanf("%d",p);    /*用 p 表示当前指针指向的数组元素的地址,进行数据输入,
                            输入后,p++,即 p 指针指向下一个数组元素,再输入*/
    for(p=a;p<a+10;p++)
        printf("%d ",*p);//这里用指针引用数组元素法逐个访问数组元素
    return 0;
}
```

注意: 与例 6-6 代码区别是, 图 6-9 中的 p+1, p+1,···, p+i 为临时表达式, 并不影响 p 本身的值, 而程序中的 p++ 是改变了 p 的值, 使 p 指针指向下一个数组元素。

【例 6-7】 用指针引用数组元素法完成数组的逆序输出。

```
#include <stdio.h>
int main()
{
    int a[10];
    int *p,*q,temp;
    for(p=a;p<a+10;p++)
        scanf("%d",p);              //这里用指针引用数组元素法输入数组元素
     for(p=a,q=a+9;p<q;p++,q--)    /*初始时 p 指针指向数组头, q 指针指向数组尾; 只
                                    要 p 和 q 指针没相遇, 就互换 p 和 q 指针指向的元素*/
    {
        temp=*p;
        *p=*q;
        *q=temp;
    }
    printf("after inverse:");
    for(p=a;p<a+10;p++)
        printf("%d ",*p);           //这里用指针引用数组元素法输出数组元素
    return 0;
}
```

运行结果为:

```
1 2 3 4 5 6 7 8 9 10
after inverse:10 9 8 7 6 5 4 3 2 1
```

6.1.4 指针与函数

经过本章前面部分的学习, 读者可能会产生一个疑惑: 虽然指针可以间接访问变量和数组, 但这样不是比之前学过的直接访问 (即用名字访问) 方式更复杂了么? 那么指针到底有什么必要性和优势呢?

前面学习过, 如何在函数之间传递整型、实型、字符型等类型变量的值, 其实在函数之间也可以传递指针, 而且功能更加丰富。本节主要讨论在函数之间传递指针的几种方式, 继而体会指针的必要性和优势。

1. 指针作为函数参数

C 语言的函数传递方式是实参到形参的单向值传递, 如果实参和形参是整型、实型、字符型等类型的变量, 那么只是在函数调用的时候把实参的值赋给形参, 反过来, 形参的任何改变都不会影响到实参; 另外, 被调函数只能通过 return 语句向主调函数返回一个值。如果希望通过被调函数来改变主调函数中某个变量的值, 或者希望调用一次函数得到多个返回值, 就要用指针作为函数参数。先通过下面的例子来看如何通过调用函数来改变主调函数中变量的值。

【例6-8】 编写一个函数 Swap()，main()通过调用 Swap()来交换 main()中两个变量 a 和 b 的值。

```
#include <stdio.h>
int main ()
{
    int a=1, b=2;
    void Swap( int *pa, int *pb );
    Swap(&a, &b);                   //注意实参是 a 和 b 的地址
    printf ("a=%d b=%d", a, b);
     return 0;
}
void Swap (int *pa, int *pb)        //形参是指针变量，用来存放实参传递的地址
{
    int temp;
    temp = *pa;
    *pa = *pb;
    *pb = temp;
}
```

此程序在 Code::Blocks 环境下的运行结果为：

`a=2 b=1`

这说明 main()调用 Swap()后，main()中两个变量 a 和 b 的值被交换了。

说明 1：例 6-8 的执行过程如图 6-10 所示。

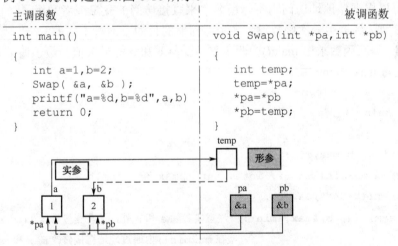

图 6-10 例 6-8 的执行过程

main()调用 Swap()时，先给两个形参指针变量 pa 和 pb 分配空间，然后将实参&a 和&b 的值按顺序单向传递给形参，所以 pa 接收实参&a，pb 接收实参&b，相当于 pa=&a，pb=&b。此时即建立了指向关系：pa 指针指向 a，pb 指针指向 b，所以操作*pa 等价于操作 a，操作*pb 等价于操作 b。Swap()里交换*pa 和*pb 的值就是交换 main()里 a 和 b 的值。Swap()返回时，虽然 Swap()里的形参 pa 和 pb 的空间已经被释放，但是 a 和 b 的值已经交换好了。

说明 2：本例如果不用指针作为函数参数，如图 6-11 所示，那么，main()调用 Swap()时，先给两个形参指针变量 x 和 y 分配空间，然后将实参的值按顺序单向传递给形参，相当于 x=a，y=b，然后在 Swap()里交换 x 和 y 的值。Swap()返回时，Swap()中形参 x 和 y 的空间已经被释放，而 main()中 a 和 b 的值没有任何改变。

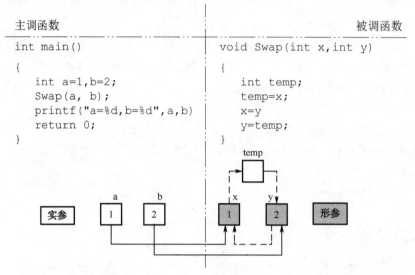

图 6-11   不用指针作为函数参数的示例

总结：例 6-8 中，main()中的 a 和 b 是 main()的局部变量，在 Swap()里不能直接用名字访问 a 和 b，但是可以通过 main()调用 Swap()时传过来的 a 和 b 的地址来间接访问它们。因此，指针变量的一个重要应用就是作为函数参数，目的是传递主调函数中变量或者数组的地址，被调函数就可以根据该地址访问它不能用名字来直接访问的变量或者数组了。也可以利用指针作为函数参数达到调用一次函数得到多个返回值的目的。请看下面的例子。

【例 6-9】   编写函数求出 main()中两个整型变量 a 和 b 的最大值与最小值，并把结果存储到 main()的变量 max 和 min 中。

```
#include <stdio.h>
int main ()
{
    int a, b,max,min;
    void maxmin( int x, int y,int *pmax,int *pmin );
    scanf("%d%d",&a,&b);
    maxmin(a, b,&max,&min);/*注意实参除 a 和 b 外，还有变量 max 和 min 的地址，希
                            望在 maxmin()内通过地址直接修改 max 和 min 的值*/
    printf ("max=%d min=%d", max, min);
    return 0;
}

void maxmin( int x, int y,int *pmax,int *pmin)/*前两个形参为普通变量
                        后两个形参是指针变量，用来存放实参传递的地址*/
```

```
{
    *pmax=x>y?x:y;                    /*函数参数传递时，pmax 指针指向了 max，
                                       所以操作*pmax 等价于操作 main()中的 max*/
    *pmin=x<y?x:y;                    /*函数参数传递时，pmin 指针指向了 min，
                                       所以操作*pmin 等价于操作 main()中的 min*/
}
```

总结：函数返回值一次只能返回一个结果，但若想通过一次函数调用同时改变多个主调函数中的变量值，那么使用指针作为函数参数的方法更为方便和快捷。

2. 数组名作为函数参数

前面介绍过，数组名有着特殊的含义，它就是数组第一个元素的内存地址，因此可以将数组名看作一个指向数组首元素的指针常量。用数组名作为函数实参，目的就是传递数组的首地址给被调用函数，因此被调函数就可以根据该地址读/写它不能直接访问的主调函数中的数组。我们通过下面这个例子来看具体的使用方法。

【例 6-10】 通过函数调用完成数组的输入、排序和输出。

```
#include <stdio.h>
int main()
{
    int array[10];
    void sca(int a[],int n);
    void sort(int a[], int n);
    void prt(int a[],int n);
    sca(array,10);//数组名作为实参传递数组的首地址，sort()和prt()实参形式相同
    sort(array,10);
    prt(array,10);
    return 0;
}
void sca(int *a,int n) {/*指针变量 a 作为形参，在函数调用时接收实参传过来的 arrays
               数组名，即等价于进行赋值操作 a=array，a 指针将指向 main()定义的
               array 数组的首元素，sca()内就可以通过 a 指针来访问 main()中的
               array 数组了。也就是说，读/写 a[i]或*(a+i)就是读/写 array[i]，
               而&a[i]或 a+i 就是 array[i] 的地址。另外，C 语言为了照顾我们访
               问数组的习惯，也允许把形参 int *a 写成 int a[]的数组名形式，编
               译器会把这种数组名形式也处理为指针变量，即形参写成 int *a 和 int
               a[]这两种方式完全等价。sort()和 prt()形参的形式相同，下略*/
    int  i;
    for (i=0;i<n;i++)
        scanf("%d",&a[i]);//这里&a[i]表示数组元素的地址，也可写成指针形式 a+i
}
void sort(int *a, int n) {//这里也可以写成 int a[]的数组名形式
    int  i, j, t;
```

```
       for (i=0; i<n-1; i++)
          for (j=0; j<n-1-i; j++)
              if (a[j]>a[j+1])//这里a[j]表示数组元素，也可写成指针形式*(a+j)
                  {  t=a[j];  a[j]=a[j+1];  a[j+1]=t;  }
   }
   void prt(int *a,int n) {//这里也可以写成int a[]的数组名形式
       int i;
       for (i=0;i<n;i++)
          printf("%d ", a[i]);//这里a[i]也可写成指针形式*(a+i)
       printf("\n");
   }
```

说明：main()中定义了一个数组 array，但是 main()中不直接操作这个数组，而是将数组名作为函数参数，传递数组的首地址给三个子函数，因此子函数就可以根据该首地址遍历访问数组 array 中的各个元素。子函数内除读取数组的内容外，也可以对数组的内容进行改动（例如，sort()的功能是把原来的数组元素全部重新排序）。另外，C 语言为了照顾我们访问数组的习惯，允许把函数形参写成 int *a 的指针形式或者 int a[]的数组名形式。同时，根据 6.1.3 节中介绍过的下标引用数组元素法和指针引用数组元素法的等价性，本例的子函数内访问数组元素也可以用下标引用数组元素法或指针引用数组元素法，参考程序中的注释。

3. 返回指针的函数

函数也可以向调用它的函数返回指针类型的数据，其主要的目的是告诉主调函数某些变量的地址。返回指针的函数定义一般形式如下：

```
   类型名 *函数名(形参列表)
   {
       函数体；
       return(指针变量名);//或 return (&变量名)
   }
```

【例 6-11】 编写一个子函数，在 main()定义的字符串中找到第一个大写字母，并向 main()返回这个字母的地址，最后输出从这个字母开始的字符串。

```
   #include <stdio.h>
   char * findfirstletter(char *s)//函数的返回值是一个字符指针
   {
       for(;*s!='\0';s++)
          if(*s>='A' && *s<='Z')
              break;
       return s;                       //返回字符串中首大写字母的地址
   }
   int main()
   {
       char str[81];
       char *pos;
```

```
    gets(str);
    pos=findfirstletter(str);       //把返回的地址赋给 pos
    if(*pos=='\0')
        puts("No Capital Letter");
    else
        puts(pos);                   //输出从首大写字母开始的字符串
    return 0;
}
```

说明：main()负责输入字符串，调用子函数找到第一个大写字母的位置，然后再输出从这个大写字母开始的字符串。调用 findfirstletter()时，实参数组名 str 传给了形参字符指针 s，相当于进行赋值操作 s=str，s 指针将指向数组的 str[0]，*s 表示元素 str[0]。s++后是 str[1]的地址，此时*s 表示 str[1]，如此遍历字符串中的各个字符，直到找到第一个大写字母并返回这个大写字母的地址。也有一种可能，字符串里没有大写字母，那么将返回字符串最后一个字符的地址。main()用一个指针变量 pos 来接收调用函数返回的第一个大写字母的地址，然后输出从这个字母开始的字符串。

4．动态内存分配

学习数组后我们知道，定义数组时必须明确地给出一个数组长度，程序将按照此长度为数组分配内存空间，但是由于实际编程时往往无法精确地预估数组的长度，就经常会发生申请空间太多造成浪费或者申请空间太少造成无法处理等情况。

例如，在"学生通讯录管理系统"程序中，如果将数组长度定义为100，那么当学生人数超过 100 时将无法处理；而当学生人数少于 100 时又会浪费内存空间。

针对这个问题，可以使用指针和 C 语言的动态内存分配函数来根据实际需求向系统申请内存空间。C 语言库函数中有一组动态内存管理的函数，可以使用这些函数向系统申请一块内存空间。如果系统分配成功，则会把所分配空间的起始地址以指针的形式返回给程序，程序就可以接着用该指针访问这块空间，用完后再释放这块空间。

动态内存分配的步骤如下。

① 利用动态内存分配函数来向系统申请所需要的内存空间。

② 用指针访问这块获得的空间。

③ 使用完毕后释放空间。

动态内存分配的函数介绍如下。

（1）动态内存分配函数 malloc()

函数原型：

```
void *malloc(unsigned size);
```

该函数的功能是分配一块连续的总共 size 字节的内存空间，并以指针形式返回所分配空间的起始地址，因为这块空间可以被用来存放任何类型的数据，所以返回值的类型是 void 型的指针变量。在实际使用时，要根据实际的数据类型采用强制类型转换方法将其转换为所需数据类型的指针变量。

（2）内存释放函数 free()

函数原型：

```
void free(void *p);
```

该函数的功能是释放 p 指针所指向的内存空间,此函数无返回值。当不再使用某块动态分配的空间时,应该及时将它释放,好把这块空间留给别的数据使用,否则,如果一直申请而不释放的话,随着程序的运行,占用的内存空间就会越来越多,最终会影响程序的运行速度甚至造成内存空间不够用的情况。

注意:内存空间释放后不能再使用该指针去访问已经释放的空间了。

其他内存分配相关的函数还有 calloc() 和 realloc(),具体说明参见本书的附录部分。

注意:这 4 个内存分配函数在 stdlib.h 头文件中声明,使用前需要包含该头文件。

下面对动态内存分配进行举例。

【例 6-12】 先输入正整数 n,再输入任意 n 个整数存入数组中,计算并输出这 n 个数组元素的和。要求使用动态内存分配方法来为这个一维数组分配内存空间。

```
#include <stdio.h>
#include <stdlib.h>
int main()
{
    int n, sum, i, *p;
    printf("Input the size of the array:");//提示输入数组元素个数
    scanf("%d", &n);
    /*申请动态分配能存放 n 个整数的内存空间,并把返回的地址强制转成整型指针变量
    可以用来存放整数*/
    p=(int *)malloc(n* sizeof(int));//n 个整数共需 n*sizeof(int)字节
    if (p== NULL) {
        printf("There is not enough memory\n");
        return -1;
    }
    printf("Enter %d values of array:\n", n);//提示输入 n 个整数
    for (i=0; i<n; i++)
        scanf("%d", p+i);//p 是空间的首地址,用指针形式依次输入 n 个整数
    sum = 0;
    for (i=0; i<n; i++)
        sum=sum+*(p+i);     //p 是空间的首地址,用指针形式求 n 个整数之和
    printf("The sum is %d\n",sum);
    free(p);                //释放动态分配的空间
    return 0;
}
```

6.1.5 指针与字符串

1. 指针与单字符串

C 语言并没有为字符串提供任何专门的数据类型,可以使用字符数组和字符指针来处理字

符串。前面已经讲过用字符数组来处理字符串，本节介绍用字符指针来处理字符串。

字符指针的定义格式如下：

```
char *指针变量名;
```

通过字符指针存储字符串的方法如下。

（1）字符指针指向字符串常量

例如：

```
char *s;//定义字符指针 s
s="hello";//将字符串常量首地址赋值给字符指针
```

以上两句也可以直接写成初始化的形式：

```
char *s="hello";
```

之后就可以通过这个字符指针处理这个字符串常量了：

```
puts(s);//输出该字符串常量
```

（2）字符指针指向输入的一个字符串

例如：

```
char *s, str[20];
s = str;//指针变量必须赋值才能使用，此时把 s 指针指向数组 str 的首地址
scanf("%s", s);//或 gets(s);输入一个字符串到 s 指针指向的空间内
```

当字符指针指向字符串常量或一个输入的字符串后，通过字符指针遍历字符串的一般形式如下：

```
for ( ; *s != '\0'; s++)
//循环语句可以用*s 访问当前字符，访问后，s++，指针指向下一个字符
```

说明：当字符指针 s 指向字符串常量或一个输入的字符串后，s 就是字符串的首地址，*s 表示字符串的首字符。s++后，得到下一个字符的地址，再用*s 表示下一个字符，如此遍历字符串中的各个字符。

【例 6-13】 用不同方式输出同一个字符串。

```
#include<stdio.h>
int main()
{
    char *s="hello";
    int i;
    //方法一
    printf("method 1:");
    printf("%s\n",s);
    //方法二
    printf("method 2:");
    puts(s);
    //方法三
    printf("method 3:");
    for (i=0; *(s+i)!= '\0'; i++)/* 用*(指针变量+下标)的方式输出每个字符，
                                s 指针不动，永远指向字符串的首字符 */
```

```
        putchar(*(s+i));
    printf("\n");
    //方法四
    printf("method 4:");
    for ( ; *s != '\0'; s++)//用指针逐个向后移动的方式输出每个字符
        putchar(*s);
    printf("\n");
}
```

运行结果为:

```
method 1:hello
method 2:hello
method 3:hello
method 4:hello
```

【例 6-14】 计算父字符串中子字符串出现的次数（先输入的是父字符串，再输入的是子字符串）。

```
#include <stdio.h>
int main()
{
    char str1[80],str2[80],*p1,*p2;
    int sum=0;
    printf("please input two strings\n");
    gets(str1);
    gets(str2);
    p1=str1;p2=str2;//p1 指针指向父字符串的首字符，p2 指针指向子字符串的首字符
    while(*p1!='\0')
    {
        if(*p1==*p2)//首字符相同即开始逐对进行比较
        {
            while(*p1==*p2&&*p2!='\0')
            {
                p1++;
                p2++;
            }
        }
        else
            p1++;
        if(*p2=='\0')/*p2 指针指向字符串的末尾时,说明已经子字符串已经在主字符串中
                        完整出现一次了*/
            sum++;
        p2=str2;        //p2 指针重新指向子字符串的首字符
    }
```

```
    printf("%d",sum);
    return 0;
    }
```

运行结果如下，说明子字符串"hello"在父字符串中完整出现了两次。

```
please input two strings
hello welcome merry happy hello
hello
2请按任意键继续...
```

2. 指针与多字符串

多个字符串可以用二维字符数组来处理，其中每行可以存储一个字符串；也可以用字符指针数组来处理，指针数组中的每个指针都指向一个字符串。

【例6-15】 将 5 个字符串从小到大排序后输出（用指针数组实现）。

```
#include <stdio.h>
#include <string.h>
int main()
{
    int i;
    //初始化后，指针数组中的每个指针都指向一个字符串常量
    char *pcolor[ ] = {"red", "blue", "yellow", "green", "purple"};
    void fsort(char *color[ ], int n);
    fsort(pcolor, 5);//用指针数组名作为实参调用函数
    for(i = 0; i < 5; i++)
        printf("%s ", pcolor[i]);
    return 0;
}
void fsort(char *color[ ], int n)//指针数组名作为形参
{
    int k, j;
    char *temp;
    for(k = 1; k < n; k++)
        for(j = 0; j < n-k; j++)
            if(strcmp(color[j],color[j+1])>0){
                temp = color[j];
                color[j] = color[j+1];
                color[j+1] = temp;
            }
}
```

本例定义了一个指针数组 pcolor，此数组中的每个元素都是一个字符指针，并用多个字符串常量对指针数组进行初始化，那么指针数组中的每个指针都指向一个字符串常量。排序函数 fsort()用指针数组名作为形参，函数调用时，在函数内获得了此指针数组的首地址，可以在

函数内访问指针数组 pcolor 中的每个元素，即取出每个字符串常量的地址进行排序。排序后的结果是，pcolor[0]指针指向最小的字符串，pcolor[1]指针指向次小的字符串，其余类推。

6.2　结构体

结构体类型是 C 语言提供的一种构造数据类型。一个结构体类型可以包括多个不同数据类型的数据。那么同为构造数据类型，结构体与数组有什么区别呢？什么时候用数组？而什么时候必须用结构体呢？我们通过下面这个例子来看结构体的作用。

【例 6-16】 有如表 6-1 所示的学生成绩表，需要用程序来进行分析和处理，例如，给每个学生计算出平均分。如何表示表格中每行（即每个学生）的数据？

表 6-1　学生成绩表

学号	姓名	数学	英语	C 语言	平均分
14121001	张丽	78	87	85	
14121002	王武	95	80	88	
14121003	李岩	72	90	92	
...					

每行都包含多个数据，根据前面学过的知识，我们会很自然地想到用数组来表示它。但数组只能是同类型数据元素的集合，而这个表格里每行的数据都是不同类型（分别是整型、字符串、整型、整型、整型、浮点型）的，所以我们没有办法用数组来表示一行的数据。不过表 6-1 中每列数据都是同类型的。如果要用数组，那么需要创建 6 个数组，分别存放每列的数据。假如总共有 100 个学生，可以表示如下：

```
int num[100];              //100 个人的学号
char name[100][10];        //100 个人的姓名
int math[100];             //100 个人的数学成绩
int english[100];          //100 个人的英语成绩
int computer[100];         //100 个人的计算机成绩
double average[100];       //100 个人的平均分
```

这样用 6 个数组的方式可以处理表 6-1 中的信息，但是每个学生的信息被分散到各个数组中，用程序实现输入、计算和输出都很不方便，而且内存结构也比较零散，不利于管理。

为了解决类似的需要处理复杂数据的需求，C 语言给出了一种构造数据类型——结构体类型，它允许用户根据具体问题利用已有的基本数据类型来构造自己所需的数据类型。针对例 6-16 中的问题，可以构造一个结构体类型来表示每行（即每个学生）的信息。这个结构体类型包含 6 个不同数据类型的成员，如表 6-2 所示。这样一来，一个学生的信息集中在一个结构体内，在程序中表示起来比较方便，每个学生信息所占用的内存空间也是集中在一起的。

表 6-2　学生成绩结构体类型

学号	姓名	数学	英语	C 语言	平均分
int num	char name[10]	int math	int english	int computer	double average

6.2.1　结构体类型与结构体变量

1．结构体类型定义

定义结构体类型的一般形式为：

struct 结构体类型名

{

　　数据类型　成员 **1** 的名字；

　　数据类型　成员 **2** 的名字；

　　…

　　数据类型　成员 ***n*** 的名字；

};

其中，struct 是 C 语言中说明结构体的关键字；结构体类型名是用户自定义的结构体类型的标识符，需要符合 C 语言自定义标识符的规范；一对花括号内是成员列表项，其中每行都定义了一个结构体成员的数据类型和名字（成员的名字也是用户自定义的标识符，需要遵循自定义标识符的规范）；右花括号后面的分号表示结构体类型定义结束，不能省略。

按照上面的形式，表 6-2 中的学生成绩结构体类型可以定义为：

```
struct student{
    int num;                //学号
    char name[10];          //姓名
    int math;               //数学课程成绩
    int english;            //英语课程成绩
    int computer;           //计算机课程成绩
    double average;         //个人平均成绩
};
```

其中的三门课程成绩是同类型的，也可以写成一行：

```
int math,english,computer;  //三门课程成绩
```

2．结构体变量定义

结构体类型只是利用已有的数据类型定义了一个新的数据类型，定义好结构体类型后，编译器并不为它分配内存，就像编译器不为 int 这个数据类型分配内存一样。

接下来要用自己定义好的结构体类型来定义结构体变量，然后编译器才为结构体变量分配内存，就可以存储数据了。C 语言提供三种方式来定义结构体变量。

（1）先定义一个结构体类型，再定义具有这种结构体类型的变量，例如：

```
struct student{
    int num;                     //学号
    char name[10];               //姓名
    int math,english,computer;   //三门课程成绩
    double average;              //个人平均成绩
};
struct student s1,s2;
```

上述语句定义了具有 struct student 类型的两个变量 s1 和 s2，每个变量可以存储一个学生的信息。

（2）在定义结构体类型的同时定义结构体变量，例如：

```
struct student{
    int num;                        //学号
    char name[10];                  //姓名
    int computer, english, math;    //三门课程成绩
    double average;                 //个人平均成绩
}s1, s2;
```

（3）结构体类型和结构体变量同时定义时，还可以省略结构体类型名，例如：

```
struct {
    int num;                        //学号
    char name[10];                  //姓名
    int computer, english, math;    //三门课程成绩
    double average;                 //个人平均成绩
} s1, s2;
```

注意：方式（3）由于没有给结构体类型命名，因此之后不能在程序的其他地方用这个结构体类型定义新的结构体变量，因此方式（3）并不常用。

3. 结构体变量引用

在使用结构体变量时，除允许具有相同类型的结构体变量进行整体赋值外，不能将一个结构体变量作为一个整体来进行输入、运算、输出操作，只能对它的每个成员进行输入、运算、输出操作。结构体变量成员的引用方式说明如下。

在 C 语言中，使用结构体成员运算符 "."（也称圆点运算符）来引用结构体成员，格式为：

结构体变量名.结构体成员名

例如：

```
s1.num = 1001;                //s1 的学号成员赋值为 101
strcpy(s1.name, "ZhangLi");   //s1 的姓名成员赋值为"ZhangLi"
```

注意：由于结构体成员 name 是一个字符数组，因此必须用 strcpy() 来进行赋值，而不能使用 "=" 进行赋值，否则会出错。

【例6-17】 结构体字符数组成员错误赋值示例。

```
struct student{
    int num;                        //学号
    char name[10];                  //姓名
    int math,english,computer;      //三门课程成绩
    double average;                 //个人平均成绩
};
int main()
{
    struct student s1,s2;
```

```
    s1.num = 1001;
    s1.name="ZhangLi";
    ...
    return 0;
}
```

在 Code::Blocks 环境下对例 6-17 进行编译，得到如下的编译出错信息：

```
|11| error: incompatible types when assigning to type 'char[10]' from type
'char *'|
||=== Build failed: 1 error(s), 0 warning(s) (0 minute(s), 0 second(s))
===|
```

上述信息提示代码第 11 行错误地对字符数组进行了赋值。这说明字符数组必须用 strcpy()
来进行赋值，而不能使用 "=" 进行赋值。

4．结构体变量初始化

对结构体变量进行初始化时，可以按照结构体中成员的顺序把成员的初值放在一对花括
号中。例如：

```
struct student s1 = {1001, "ZhangLi", 78, 87, 85};
```

语句执行后的 s1 内容如图 6-12 所示。

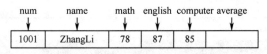

图 6-12　结构体变量初始化示意图

5．结构体变量整体赋值

C 语言允许对具有相同数据类型的结构体变量进行整体赋值。赋值时，实际上是按结构体
中成员的顺序逐一对成员进行赋值的，即赋值符号右边结构体变量的每个成员的值都赋给了
左边结构体变量中的相应成员，结果就是两个结构体变量的成员具有相同的内容。例如：

```
struct student s1 = {1001, "ZhangLi", 78, 87, 85};//s1 各成员赋初值
struct student s2;
s2 = s1;//整体赋值后 s2 各成员的值与 s1 各成员的值对应相等
```

整体赋值后，s2 的内容也如图 6-12 所示。

【例 6-18】　综合演示结构体变量的使用。

```
#include <stdio.h>
struct student{
    int num;                    //学号
    char name[10];              //姓名
    int math,english,computer;  //三门课程成绩
    double average;             //个人平均成绩
};

int main ()
```

```
{
    struct student s1 = {1001, "ZhangLi", 78, 87, 85};
    struct student s2,s3;

    s2=s1;
    //s1 和 s2 的成员值相同，s3 的各成员值从键盘输入
    scanf("%d%s%d%d%d",&s3.num, s3.name, &s3.math, &s3.english,
            &s3.computer);
    printf("s1:%d %s %d %d %d\n", s1.num, s1.name, s1.math, s1.english,
            s1.computer);
    printf("s2:%d %s %d %d %d\n", s2.num, s2.name, s2.math, s2.english,
            s2.computer);
    printf("s3:%d %s %d %d %d\n",s3.num, s3.name, s3.math, s3.english,
            s3.computer);

    return 0;
}
```

运行结果如图 6-13 所示。

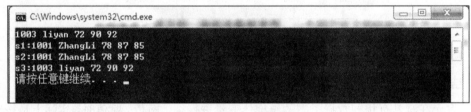

图 6-13　例 6-18 运行结果

6.2.2　结构体数组

前面定义的一个结构体变量只能表示学生成绩表内一个学生的信息，而实际的学生成绩表内有多个学生的信息，那么该如何表示呢？在这种情况下，定义多个结构体变量显然太繁杂了，那么可以定义一个结构体数组来记录具有相同结构的多个学生信息。

1. 结构体数组定义

结构体数组本质上也是数组，其与普通数组的不同之处在于，每个数组元素都是一个结构体类型的变量，因此定义结构体数组使用的数据类型需要是已定义的一个结构体类型，例如：

```
struct student students[100];
```

基于已定义的 struct student 类型定义了一个数组 students，它有 100 个数组元素 students[0]～students[99]，每个数组元素都是一个 struct student 类型的变量，也就是说，每个数组元素都可以用来表示一个学生的信息，这个数组就能够表示出共 100 个学生的信息。

2. 结构体数组初始化

也可以在定义结构体数组的同时对其进行初始化，初始化的时候可以将每个数组元素中

成员的初值放在一对花括号内。例如，下面这条语句对前两个数组元素进行了初始化，而其他数组元素被系统自动赋为 0 值：

```
struct student students[100] = {{1001,"ZhangLi", 76, 85, 78 }, {1002,
                                "WangWu", 95, 80, 88} };
```

结构体数组初始化示意图如图 6-14 所示。

students[0]	1001	ZhangLi	76	85	78	
students[1]	1002	WangWu	95	80	88	
...	...	...	...	...	...	
students[99]						

图 6-14 结构体数组初始化示意图

3. 结构体数组使用

结构体数组的一个数组元素相当于一个结构体变量，使用方法同结构体变量，例如：

```
students[i] = students[k]
```

把数组元素 students[k]整体赋值给 students[i]。

而引用结构体数组元素的某个成员，其一般形式为：

结构体数组名[下标].结构体成员名

例如：

```
students[i].num = 1001;
strcpy(students[i].name, "ZhangLi");
```

【例 6-19】 综合演示结构体数组的使用。

```
#include <stdio.h>
struct student{
    int num;                        //学号
    char name[10];                  //姓名
    int math,english,computer;      //三门课程成绩
    double average;                 //个人平均成绩
};

int main()
{
    int i;
    struct student students[5];

    //输入 5 个学生的记录，并计算平均分
    for(i = 0; i < 5; i++){
        //提示输入第 i 个学生的信息
        printf("Input the No %d student's number, name and score:\n", i+1);
        scanf("%d%s%d%d%d", &students[i].num, students[i].name,
                &students[i].math, &students[i].english,
```

```
                        &students[i].computer);
            //计算第 i 个学生的平均分
            students[i].average = (students[i].math + students[i].english +
                            students[i].computer)/3.0;
            //输出第 i 个学生的各信息
            printf("num:%d name:%s math:%d english:%d computer:%d
                    average:%f\n", students[i].num, students[i].name,
                    students[i].math, students[i].english,
                    students[i].computer, students[i].average);
        }
        return 0;
    }
```

6.2.3　结构体指针

指针可以指向任何一种类型的变量，因此指针也可以指向结构体变量，这就是结构体指针。通过结构体指针可以访问结构体变量；结构体指针也可以用来指向结构体数组中的数组元素，进而遍历访问结构体数组中的所有数组元素。

定义结构体指针的必要前提是，程序中必须已经定义好一个结构体类型，然后才能用这个结构体类型来定义结构体指针。例如，下面的步骤描述了通过结构体指针来访问结构体变量的方法。

（1）先定义一个结构体类型。

```
struct student{
    int num;                        //学号
    char name[10];                  //姓名
    int math,english,computer;      //三门课程成绩
};
```

（2）定义结构体指针。

结构体指针的一般定义形式为：

struct 结构体类型名 *结构体指针名；

基于上面的结构体类型定义，可以定义一个结构体指针 p：

```
struct student *p;
```

（3）结构体指针赋值。

结构体指针定义后必须先赋值才能使用，也就是要把结构体变量名或者结构体数组名赋值给结构体指针。

有结构体变量 s1 定义如下：

```
struct student s1 = {1001, "ZhangLi", 78, 87, 85};
```

那么赋值语句：

```
p = &s1;
```

将建立如图 6-15 所示的指向关系。

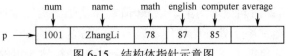

图 6-15 结构体指针示意图

（4）建立了指向关系之后，就可以用结构体指针 p 来间接访问结构体变量 s1，以及结构体变量 s1 的每个成员。

通过结构体指针访问结构体变量成员的方法有以下两种。

① 用*p 先访问结构体变量，再进而访问结构体成员。例如：

(*p).num;//此时*p 等价于 s1，所以(*p).num 等价于 s1.num，值为 1001

② 用指向运算符"->"访问指针指向的结构体成员。例如：

p->num;/*这是结构体指针访问结构体成员的特定用法，p->num 等价于(*p).num，也等价于 s1.num，值为 1001*/

【例 6-20】 综合演示结构体指针的使用。

```c
#include <stdio.h>
struct student{
    int num;                    //学号
    char name[10];              //姓名
    int math,english,computer;  //三门课程成绩
};
int main ()
{
    struct student s1 = {1001, "ZhangLi", 78, 87, 85};
    struct student *p;
    p = &s1;                    //p 指针指向结构体变量 s1
    printf("s1:%d %s %d %d %d\n", s1.num, s1.name, s1.math, s1.english,
           s1.computer);
    printf("s1:%d %s %d %d %d\n",p->num, p->name, p->math, p->english,
           p->computer);
    return 0;
}
```

本例中的两条 printf()语句的输出结果完全相同，说明通过结构体指针可以完全访问结构体变量，但前提是要先建立指向关系。

下面是结构体指针的一个有趣的例子：

```c
struct node
{
    int a; int b; int c;
};
struct node s = { 3, 5, 6 };
struct node *pt = &s;
printf("%d\n", *(int*)pt);
```

其返回结果为 3，这是因为先定义 pt 为指向结构体变量 s 的指针，然后将 pt 强制转换为

int 型指针，则取出 pt 指针指向地址的第一个 int 值，那就是结构体变量中的第一个数。

（5）结构体指针还经常用于处理结构体数组方面的问题。

我们通过下面这个简单的例子来说明结构体指针指向结构体数组的应用。

【例 6-21】 用结构体指针来处理结构体数组。

```
#include <stdio.h>
struct student{
    int num;//学号
    char name[10];//姓名
};

int main()
{
    struct student students[3]={ {1001,"ZhangLi" },{1002, "WangWu",},
                                 {1003,"LiYan"}};
    struct student *p;
    //用结构体指针来遍历结构体数组中的各个元素
    for(p = students; p < students+3; p++)
        printf("The number %d student's name is %s\n", p->num, p->name);
}
```

此例循环中把结构体指针 p 赋初值为结构体数组名（即结构体数组首元素的地址），即 p 指针指向 students[0]，用指向运算符 "->" 访问 students[0]的结构体成员。输出各成员值后，p++，意味着 p 指针指向 students[1]，执行第二次循环输出 students[1]的结构体成员。之后，p++，意味着 p 指针指向 students[2]，执行第三次循环输出 students[2]的结构体成员。之后，p++，其值已经等于 students+3，不满足循环条件，退出循环。

6.2.4 结构体与函数

如果程序中含有结构体类型的数据，则可能需要用结构体变量作为函数的参数或返回值，以便在函数间传递数据。

1. 结构体变量作为函数参数

结构体变量作为函数参数，要求实参与形参是同一种结构体类型。函数调用时，将实参结构体变量的值传递给形参结构体变量，相当于把实参结构体变量所有成员的值依次赋给了形参结构体变量的所有成员。

【例 6-22】 用结构体变量作为函数参数计算平均分。

```
#include<stdio.h>
struct student{                    //学生信息结构体类型定义
    int num;                       //学号
    char name[10];                 //姓名
    int math,english,computer;     //三门课程成绩
    double average;                //个人平均成绩
```

```
    };
    double count_average(struct student s)
    {
        return (s.math + s.english + s.computer) / 3.0;
    }


    int main()
    {
        int i, n;
        struct student s1;                //定义结构体变量
        printf("Input n: ");
        scanf("%d", &n);
        printf("Input the student's number, name and course scores\n");
        for(i = 1; i <= n; i++){
            printf("No.%d: ", i);
            scanf("%d%s%d%d%d",&s1.num, s1.name, &s1.math, &s1.english,
                    &s1.computer);
            s1.average = count_average (s1);
            printf("num:%d, name:%s, average:%.2f\n", s1.num, s1.name,
                    s1.average);
        }
        return 0;
    }
```

本例中，函数声明语句为：

```
    double count_average( struct student s );
```

main()中的函数调用语句为：

```
    s1.average = count_average ( s1 );
```

函数调用时，s1 传递给 s，等价于进行赋值操作 s=s1，那么会把结构体变量 s1 整体赋值给 s。根据结构体变量整体赋值的原理，两个变量的所有成员赋值后均相同，函数计算返回 s 的平均分，其实也就是计算了 s1 的平均分。

2．结构体指针或结构体数组名作为函数参数

如前所述，如果用结构体变量作为函数参数，则意味着在函数调用时把结构体变量的所有成员一一进行值传递，既费时间又费空间；而用结构体指针或结构体数组名作为函数参数，仅需要传递结构体变量或结构体数组的地址，效率更高。

【例6-23】 用子函数来输出主函数中定义的结构体数组。

```
    #include <stdio.h>
    struct student{
        int num;                 //学号
        char name[10];           //姓名
```

```
};
void output_student(struct student students[ ])
{
    struct student *p;
    //用指针来遍历结构体数组的各个元素
    for(p = students; p < students+3; p++)
        printf("The number %d student's score name is %s\n", p->num,
                p->name);
}
int main()
{
    struct student students[3]={ {1001,"ZhangLi" },{1002, "WangWu",},
                                {1003,"LiYan"}};
    output_student(students);
    return 0;
}
```

6.3 用指针和结构体处理链表

6.2 节中介绍了当程序需要处理批量数据的时候，可以考虑用结构体数组，例如，利用结构体数组来保存和处理多个学生的信息。数组的优点是可以用数组名配合下标快速地访问指定的数组元素。其缺点是插入和删除数组元素都比较复杂，需要移动大量的数组元素；而且，数组在定义时就必须指定长度，非常不灵活，多则浪费，少则不够。

为了解决这两个问题，C 语言中引入了一种更能合理组织数据的数据结构——链表。

6.3.1 链表的概念

链表是完全动态地进行存储分配的一种数据结构，它将结构体、指针、动态内存分配融合在一起，程序能随时根据需要申请动态分配内存空间，也可以随时释放不用的内存空间，从而使用户可以更加灵活地处理问题和使用内存空间。另外，链表中的各元素在内存中可以不连续存放，只是通过指针将各元素串联在一起，因此能非常方便地实现数据的删除和插入操作，不需要移动大量的数据。

链表有单链表、双链表和循环链表三种类型，本节重点介绍最简单且最常用的单链表。

单链表的结构如图 6-16 所示，此单链表由一个头指针 head 和 4 个结点（A，B，C，D）链接而成，头指针 head 中存放了头结点（A）的地址，即 head 指向头结点 A。此链表的 4 个结点（A, B, C, D）都是同类型的结构体变量，它们包含两部分数据：一部分是数据域，用来存储本结点的数据；另一部分是指针域，用来存储指向下一个结点的指针，如图 6-17 所示。因此，结点 A 的指针域指向结点 B，结点 B 的指针域指向结点 C，结点 C 的指针域指向结点 D，结点 D 是这个链表的尾结点，不再指向任何结点，它的指针域置为 NULL（stdio.h 头文件中将其 define 为 0，表示空地址）。因此各个结点通过指针被串联在一起，形成了一个单链表。

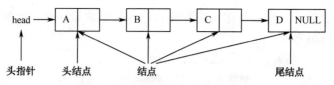

图 6-16　单链表的结构

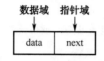

图 6-17　链表结点结构

下面介绍单链表的新建、输出、插入和删除操作。

6.3.2　建立链表

使用链表前必须先定义链表的结点类型，结点类型必须是一个结构体类型。该结构体的数据域包括用户需要处理的数据成员，例如，在"学生通讯录管理系统"中需要处理的信息包括：学生学号、姓名、联系电话、地址等。这里为了简化程序设计，将信息缩减为学号和联系电话；而结点的指针域为指向下一个结点的指针 next，因为链表中的每个结点都是同类型的结构体变量，所以 next 是一个指向自身结构体类型的指针。

基于以上分析得到的结构体类型结点定义如下：

```
struct stu_node
{
    int num;
    char tel[11];
    struct stu_node *next;//指向下一个结点（也是此结构体类型）的指针
}
```

该结构体类型中数据域包括 num 和 tel，指针域为指向下一个结点的指针 next。定义结点类型之后就可以用它来定义结点变量或指向结点的指针了。例如：

```
struct stu_node *head,*tail,*p;
```

创建链表的过程就是用循环结构来反复实现"创建新结点并将其加入链表"的操作，可分为以下三步。

（1）动态申请一个新结点的空间，设定一个指针指向它，语句为：

```
p = (struct stu_node *) malloc(sizeof(struct stu_node));
```

（2）从键盘输入一个学生的信息并为新结点的成员赋值，语句为：

```
scanf("%d%s ", &( p->num), p->tel);//新结点成员赋值
```

（3）把新结点插入链表头部或者链表尾部，插入方法有如下两种。

① 表头添加法：从一个空表开始，每次都将生成的新结点插入当前链表的表头，直至添加完所有结点。链表建立完成后，结点的顺序和输入数据的顺序是相反的。每次把新结点插入链表头部的操作语句为：

```
p->next=head;    //新结点的 next 指针指向原来的链表头
head=p;          //新结点成为新的链表头
```

② 表尾添加法：从一个空表开始，每次都将生成的新结点插入当前链表的表尾，直至添

加完所有结点。链表建立完成后，结点的顺序和输入数据的顺序是相同的。每次把新结点插入链表尾部的操作语句为：

```
p->next = NULL;//新结点 next 指针置为空
if(head == NULL)//如果链表是空的，则将头指针指向它
    head = p;
else
    tail->next = p;//如果链表非空，则将新结点链接到原来的尾结点之后
tail = p;
```

建立链表的完整函数参见以下两个例子。

【例 6-24】 表头添加法建立单链表。

```
struct stu_node* create( )
{
    struct stu_node *head, *p;
    int num;
    head=NULL;                              //初始为空
    scanf("%d", &num);                      //输入学生人数
    while(num!= 0){
        //为新结点申请空间
        p = (struct stu_node *) malloc(sizeof(struct stu_node));
        scanf("%d%s", &( p->num), p->tel);   //新结点成员赋值
        p->next=head;                        //新结点插到表头
        head=p;
        num--;
    }
    return head;
}
```

【例 6-25】 表尾添加法建立单向链表。

```
struct stu_node* create( )
{
    struct stu_node *head,*tail,*p;
    int num;
    head=tail=NULL;                         //初始为空
    scanf("%d ", &num);                     //输入学生人数
    while(num!= 0){
        //为新结点申请空间
        p = (struct stu_node *) malloc(sizeof(struct stu_node));
        scanf("%d%s ", &( p->num), p->tel); //新结点成员赋值
        p->next = NULL;                      //新结点 next 指针置为空
        if(head == NULL)                     //新结点插到表尾
            head = p;
```

```
        else
            tail->next = p;
        tail = p;
        num--;
    }
    return head;
}
```

6.3.3 输出链表

建立链表后常常需要处理链表各结点中的数据，例如，需要按顺序输出整个链表的所有结点中的数据。思路是，定义一个结构体指针 p，先进行赋值操作 p=head，此时 p 指向链表的第一个结点，可以用 p 指针配合指向运算符输出第一个结点中的数据，然后后移指针，通过 p=p->next，将 p 指针指向下一个结点，输出下一个结点中的数据，然后再后移指针，直到 p 的值为 NULL，说明所有结点已经全部输出，操作结束。如上所述，用指针循环遍历链表所有结点的关键语句如下：

```
struct stu_node *p;
for(p = head; p!=NULL; p = p->next)
    printf("%d\t%s\n", p->num, p->tel);
```

6.3.4 插入结点的操作

前面介绍了创建链表的过程，可以一次创建包含多个结点的链表。但在链表创建好之后，可能还需要将一个或多个结点插入已经建成的链表中。具体的插入方式也有三种：① 插入头结点前，成为新的头结点；② 插入尾结点后，成为新的尾结点；③ 在链表已经有序的情况下按照原先的顺序进行插入。前两种方法在前面创立链表的时候已经介绍过了，这里重点介绍第三种插入方法。

按照学号顺序插入新学生信息的程序如下：

```
/*结构体类型定义和结构体指针 p1 与 p2 定义略,p1 指针准备用来指向插入位置的前一个结点,
p2 指针准备用来指向插入位置的后一个结点*/
/*申请新结点 p 并存储新学生信息，略*/
p->next=0;
p1=p2=head;
if(head == NULL){          //原链表为空时插入
    head = p;              //新结点成为头结点
}
else{                      //原链表不为空时插入
    while((p->num > p2->num) && (p2->next != NULL))
    {   //按学号顺序找到插入位置
        p1 = p2;           //p1, p2 各后移一个结点
        p2 = p2->next;
    }
```

```
    if(p->num <= p2->num){//在p1与p2之间找到插入位置，插入
        if(head==p2)  head = p;
        else p1->next = p;
        p->next = p2;
    }
    else{                       //新学生的学号比所有结点都大，新结点成为尾结点
        p2->next =p;
    }
}
```

6.3.5　删除结点的操作

删除结点也是经常需要做的链表操作。删除结点需要把待删结点从链表中脱钩并释放掉它所占用的内存空间。删除结点操作一般分为两种情况：

① 如果待删结点是头结点，那么让头指针指向下一个结点即可。

② 如果待删结点不是头结点，则从头结点开始根据某个条件查找到待删结点（在查找过程中需要记录前一个结点），查到后将其从链表中脱钩并释放内存空间。如图6-18所示，假定找到了某待删结点为p2且它的前一个结点为p1，那么删除p2的步骤分为两步：先脱链、后删除。

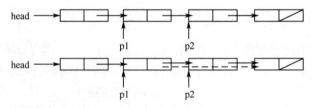

先脱链：p1->next=p2->next;
后删除：free(p2);

图6-18　删除链表结点p2示意图

定义以下函数，用于按照学号删除某个学生的信息：

```
struct stu_node* deletenode(struct stu_node * head, int num)
{
    struct stu_node *p1, *p2;

    if(head == NULL)                //空链表不能删除
        return NULL;
    //待删结点为头结点
    if(head->num == num){
        p2 = head;                  //为空间释放做准备
        head = head->next;          //头指针指向下一个结点
        free(p2);
    }
    //待删结点不是头结点
```

```
        p1 = head;
        p2 = head->next;
        while(p2!=NULL){                //从头结点的下一个结点开始搜索查找待删结点
            if(p2->num == num){         //p2 所指结点就是待删结点
                p1->next = p2->next;    //脱链
                free(p2);               //释放空间
                return head;
            }
            else {                      //如果 p2 不是待删结点，接着向后查找
                p1 = p2;                //p1 后移一个结点
                p2 = p2->next;          //p2 后移一个结点
            }
        }
        return head;
    }
```

6.4 小结

1）指针即地址，指针变量就是专门用于存放变量内存地址的变量。

```
int *p;              //定义 p 是一个指向整型变量的指针变量
int *p[3];           //定义 P 是一个指针数组，该数组元素分别是指向整型变量的指针
int (*p)[3];         //定义一个指向一维整型数组的指针
```

2）指针可以作为函数参数，也可以作为函数返回值。利用指针可以获得字符串的首地址，进而操作字符串。

3）结构体是由一系列具有相同类型或不同类型的数据构成的数据集合。结构体可以被声明为变量、数组、指针或函数等，用以实现较复杂的数据结构。

4）链表是一种物理存储单元上非连续、非顺序的存储结构，其中数据元素的逻辑顺序是通过链表中的指针链接顺序实现的。链表由一系列结点（链表中的元素称为结点）组成，结点可以在运行时动态生成。每个结点包括两个部分：一个是存储数据元素的数据域，另一个是存储下一个结点地址的指针域。相比于线性表顺序结构，链表的一个重要特点是插入、删除操作灵活方便，不需要移动结点，只需要改变结点中指针域的值即可。

综合练习题

1．字符串排序。

【问题描述】

输入三个字符串，输出其中最大的字符串（用 strcmp 来比较大小，用指针数组来处理三个字符串）。

【输入形式】

输入三个字符串，每行一个。

【输出形式】

输出按字典序最大的字符串。

```
Enter 3 strings:
beijing
shanghai
hangzhou
```

【样例输出】

```
The largest string is: shanghai
```

2．求复数之积。

【问题描述】

输入 4 个整数 a_1, a_2, b_1, b_2，分别表示两个复数的实部与虚部。利用结构体变量求解两个复数之积：$(a_1+ia_2) \times (b_1+ib_2)$，乘积的实部为：$a_1 \times b_1 - a_2 \times b_2$，虚部为：$a_1 \times b_2 + a_2 \times b_1$。

【输入形式】

依次输入 4 个整数，分别表示两个复数的实部与虚部。

【输出形式】

输出积复数。

【样例输入】（下画线部分表示输入）

```
Input a1,a2,b1,b2:3 4 5 6
```

【样例输出】

```
(3+i4)*(5+i6)=-9+i38
```

【样例说明】

输出积复数，输出格式为：

```
(%d+i%d)*(%d+i%d)=%d+i%d
```

其中，标点符号全部为英文，"="两边无空格。

3．查最贵的书和最便宜的书。

【问题描述】

编写程序，从键盘输入 n（$n<10$）种书的名称和定价并存入结构体数组中，从中查找定价最高及最低的书名和定价，并输出。

【输入形式】

先输入书种数 n（整型，$n<10$），再依次输入每种书的名称（字符串）和定价。

【输出形式】

输出定价最高及最低的书名和定价。

【样例输入】（下画线部分表示输入）

```
Input n:3
Input the name,price of the 1 book:C 21.5
Input the name,price of the 2 book:VB 18.5
Input the name,price of the 3 book:Python 25.0
```

【样例输出】

```
The book with the max price:Python,25.0
The book with the min price:VB,18.5
```

【样例说明】

输出定价最高的书名和定价，再输出定价最低的书名和定价，格式为：

```
The book with the max price:%s,%.1f
The book with the min price:%s,%.1f
```

4. 成绩统计。

【问题描述】

有 N 个学生，每个学生的数据包括学号、姓名、三门课成绩，用结构体类型保存，从键盘输入 N 个学生的数据，要求打印出三门课的总平均成绩，以及最高分的学生的数据（包括学号、姓名、三门课成绩）。

【输入形式】

学生数量 N 占一行，每个学生的学号、姓名、三门课成绩放一行，用空格分隔。

【输出形式】

三门课的总平均成绩，最高分的学生的数据（包括学号、姓名、三门课成绩），用空格分隔。

【样例输入】

```
2
1 zhangsan 90 80 70
2 wangwu 80 70 60
```

【样例输出】

```
85 75 65
1 zhangsan 90 80 70
```

5. 链表操作。

【问题描述】

输入 n（n>1）个正整数，每次将输入的整数插入链表的头部。-1 表示输入结束。再输入一个正整数，在链表中查找该数据并删除对应的结点。要求输出删除结点后链表所有结点中的数据。

【输入形式】

输入以空格分隔的 n 个整数，以-1 结束输入，再输入一个要删除的整数。

【输出形式】

从链表第一个结点开始，输出链表所有结点中的数据，以空格分隔。

【样例输入】

```
2 4 6 7 8 4 -1
2
```

【样例输出】

```
4 8 7 6 4
```

【样例说明】

输入以空格分隔的 n 个整数 2 4 6 7 8 4，以-1 结束输入，然后输入 2，删除 2 之后，输出剩余整数。

6. 链表合并。

【问题描述】

已有 a、b 两个链表，每个链表结点中的数据包括学号和成绩。要求把两个链表合并，按学号升序排列。

【输入形式】

第一行输入 a、b 两个链表结点的数量 N、M，用空格分隔。接下来 N 行是 a 的数据，然后 M 行是 b 的数据，每行数据均由学号和成绩两部分组成。

【输出形式】

按照学号升序排列的数据。

【样例输入】

2 3

5 100

6 89

3 82

4 95

2 10

【样例输出】

2 10

3 82

4 95

5 100

6 89

第 7 章 文　　件

在前面的学习中，程序的输入/输出基本上都是标准输入和标准输出。而在实际应用中，我们所处理的数据更多是来自文件的。文件用于存放程序、文字、图片、视频等各类信息。在对计算机的使用中，我们每天都在使用文件。编程从文件中读取信息或者将运行结果写入文件是实际中经常性的需求。文件也是程序设计中的重要概念，文件操作可以完成对数据的处理。本章将学习 C 语言的文件操作，包括 C 语言中的文件，如何打开/关闭文件，如何进行文件的读/写及相关操作等。

7.1 文件概述

所谓"文件"是指一组相关数据的有序集合，这个数据集合有一个名称，即文件名。文件通常驻留在外部介质（如磁盘、光盘等）中，在使用时才被调入内存中。例如，在前面的章节中，我们多次使用的源程序文件、可执行文件、库文件、头文件等。操作系统是以文件为单位对数据进行管理的，以文件名作为访问文件的标识。如果要访问磁盘中的数据，需要先按照文件名找到该文件，然后再从该文件中读取数据；如果要向磁盘中存储数据，需要先建立一个有文件名的文件，再向该文件输出数据。

从文件的结构上来讲，文件其实是一系列的字节，如图 7-1 所示。文件有文件头、文件尾和当前位置。当前位置就是目前发生文件操作（如读或写）的地方。

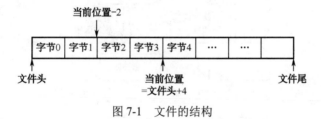

图 7-1　文件的结构

1. 流

在 C 语言中，通过流来执行所有的输入/输出操作。流是任意输入数据源或输出目的地的抽象表示。在实际应用中，虽然文件系统要面对各种不同设备（如磁盘、键盘、打印机、终端等），但缓冲文件系统将每种设备都看作流的逻辑设备，通过使用流使得输入/输出编程独立于设备。程序员无须针对每种设备编写不同的输入/输出函数，能写入磁盘文件的同一个函数也能写入另一种类型设备，如控制台终端、打印机。我们在前面使用的输入/输出函数，如 printf()、scanf()、gets()、puts()等，都是 C 语言标准库中的流输入/输出函数。

流有两种类型：文本流和二进制流。文本流是一系列字符，可以由多行构成，每行由一个换行符终止。二进制流是一系列字节，二进制流中的字节不会以任何方式进行转换或解释，只按原来的内容被读/写。

2. 文件的类型

C 语言中，所有文件都通过流进行输入/输出操作，因此可分为文本文件和二进制文件两类。

（1）文本文件

文本文件是基于字符编码的文件，常见的编码有 ASCII 编码、Unicode 编码等。

（2）二进制文件

二进制文件是基于值编码的文件，根据二进制的编码方式来保存文件内容。

例如，整数 12345，分别以 ASCII 编码的文本文件和二进制文件存储，如图 7-2 所示。

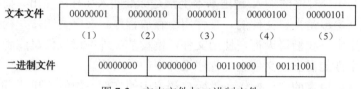

图 7-2　文本文件与二进制文件

3．缓冲文件系统

磁盘文件系统有两大类：一类称为缓冲文件系统，另一类称为非缓冲文件系统。缓冲文件系统是指系统自动在内存中为程序中每个正在使用的文件分配一个缓冲区。从磁盘（文件）向内存读取数据时，一次从磁盘中将一批数据输入缓冲区中，然后程序再从缓冲区中读取所需数据；向磁盘写入数据时，先将数据送到缓冲区中，装满缓冲区后再一起送到磁盘中，如图 7-3 所示。非缓冲文件系统不由系统自动设置缓冲区，而是由用户自己根据需要进行设置。ANSI C 标准采用缓冲文件系统处理文件。

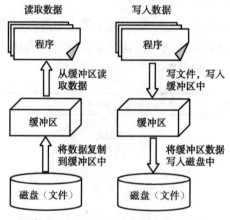

图 7-3　缓冲文件系统的读/写过程

4．文件指针

在缓冲文件系统中，每个使用的文件在内存中都有一个文件信息区用来存放文件的相关信息。这些信息包括文件名、状态、当前读/写位置等，保存在一个结构体变量中。该结构体类型由系统定义。C 语言规定该类型为 FILE 型，在 stdio.h 中定义，其声明如下：

```
typedef struct {
    int level;                  //缓冲区使用量
    unsigned flags;             //文件状态标志
    char fd;                    //文件描述符
    unsigned char hold;         //如无缓冲不读取字符
    int bsize;                  //缓冲区的大小
    unsigned char *buffer;      //文件缓冲区的首地址
```

```
    unsigned char *curp;          //指向文件缓冲区的工作指针
    unsigned  istemp;             //临时文件，指示器
    short    token;               //用于有效性检查
} FILE;
```

文件指针就是指向文件有关信息的指针，定义文件指针的一般形式为：

```
FILE *文件结构指针名
```

例如：

```
FILE *fp;
```

其中，fp 是一个指向 FILE 类型的指针，通过 fp 就能够找到与它关联的文件。

如果程序中同时处理 n 个文件，则需要设置 n 个指针，实现对 n 个文件的访问。文件指针与缓冲文件系统如图 7-4 所示。

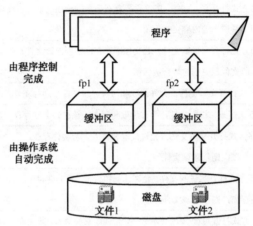

图 7-4　文件指针与缓冲文件系统

7.2　文件的打开与关闭

文件在进行读/写操作之前要先打开它，使用完毕后要关闭它。所谓打开文件，实际上是建立文件的各种有关信息，并使文件指针指向该文件，以便进行其他操作。关闭文件则是断开指针与文件之间的联系，也就是禁止再对该文件进行操作。在 C 语言中，文件操作都是由库函数来完成的。

7.2.1　打开文件

打开文件的目的是将文件指针与一个特定的外部文件进行关联，使用标准输入/输出函数 fopen()打开文件，该函数用来以指定的方式打开文件，函数原型为：

```
FILE *fopen(char *pname, char *mode);
```

其调用形式如下：

```
文件指针名=fopen(文件名，文件打开方式)
```

1．参数说明

文件指针名：必须说明为 FILE 类型的指针。

文件名：要打开文件的文件名，它是一个字符指针，指向要打开或建立的文件的文件名字符串。

文件打开方式：指所有可能的文件处理方式，既与将要对文件采取的操作方式有关，也与文件是文本文件还是二进制文件有关。文件打开方式共有 12 种，见表 7-1。

表 7-1　文件打开方式

打 开 方 式		说　　明
只读方式	r	以只读方式打开文本文件，只允许读取，不允许写入。该文件必须存在，如果文件不存在则出错
	rb	以只读方式打开二进制文件，只允许读取，不允许写入。该文件必须存在，如果文件不存在则出错
只写方式	w	以只写方式打开文本文件，若文件存在，则先将文件删除，再重建一个新文件；若文件不存在，则创建该文件
	wb	以只写方式打开二进制文件，若文件存在，则先将文件删除，再重建一个新文件；若不存在，则创建该文件
追加方式	a	以追加方式打开文本文件。若文件不存在，则创建该文件；若文件存在，则写入的数据会被加到文件尾，即文件原先的内容会被保留
	ab	以追加方式打开二进制文件。若文件不存在，则创建该文件；若文件存在，则写入的数据会被加到文件尾，即文件原先的内容会被保留
读/写方式	r+	以读/写方式打开文本文件，允许读取和写入。该文件必须存在，若文件不存在，则出错
	rb+	以读/写方式打开二进制文件，允许读取和写入。该文件必须存在，若文件不存在，则出错
读/写方式	w+	以读/写方式打开文本文件，允许读取和写入。若文件存在，则先将文件删除，再重建一个新文件；若文件不存在，则创建该文件
	wb+	以读/写方式打开二进制文件，允许读取和写入。若文件存在，则先将文件删除，再重建一个新文件；若文件不存在，则创建该文件
追加/读/写方式	a+	以追加方式打开可读/写的文本文件，允许读取和写入。若文件不存在，则创建该文件；若文件存在，则写入的数据会被加到文件尾，即文件原先的内容会被保留
	ab+	以追加方式打开可读/写的二进制文件，允许读取和写入。若文件不存在，则创建该文件；若文件存在，则写入的数据会被加到文件尾，即文件原先的内容会被保留

例如：

```
FILE *fp1;              //定义一个指向文件的指针 fp1
fp1=("a1.txt","r"); //将 fopen()的返回值赋值给指针 fp1
```

上述两行代码的含义是在当前目录下打开文件 a1.txt，只允许进行读操作，并使文件指针 fp 指向该文件。

又如：

```
FILE *fp2;//定义一个指向文件的指针 fp2
fp2=("D:\\b1',"rb");//将 fopen()的返回值赋值给指针 fp2
```

上述两行代码的含义是打开 D 盘根目录下的文件 b1，这是一个二进制文件，只允许按二进制方式进行读操作。两个反斜线 "\\"，第一个表示转义字符，第二个表示根目录。

2．返回值

fopen()执行后，返回值包括以下两种情况：

（1）若执行成功，则返回包含文件缓冲区等信息的 FILE 类型地址，赋给文件指针 fp，其他函数用 fp 指针来指定该文件。

（2）若执行不成功，则返回一个 NULL 空指针。导致打开文件失败的原因通常有：

● 文件名无效；

● 试图打开不存在的目录或磁盘驱动器中的文件；

● 试图以 r 方式打开一个不存在的文件。

在应用中，经常在程序中可以用以下代码段来判断打开文件是否成功，并做相应处理：

```
if((fp=fopen("D:\\exp801.txt","r"))==NULL)
{
    printf("error on open D:\\exp801.txt ");
    exit(0);
}
```

其中，exit(0)表示关闭所有打开的文件，并终止程序的执行。

7.2.2 关闭文件

在执行完文件的操作后，要进行"关闭文件"操作，以避免因为没有关闭文件而造成数据流失。关闭文件使用标准输入/输出函数 fclose()实现，函数原型为：

```
int fclose(FILE *fp);
```

其调用形式如下：

```
fclose(文件指针);
```

fclose()用来关闭先前 fopen()打开的文件，将缓冲区内的数据写入文件中，使文件指针与文件脱离，释放文件指针和相关缓冲区。

fclose()返回值为整型，包括以下两种情况：

● 正常执行，返回 0。

● 异常执行，返回 EOF，表示文件在关闭时发生错误。EOF 称为文件结束符，在 stdio.h 中定义，一般等于-1。

【例 7-1】 打开和关闭文件。

打开 D 盘中的 exp801.txt 文件，如果该文件不存在，则新建一个。在文件中写入"Hello World!"，然后关闭该文件。

```
#include <stdio.h>
#include <stdlib.h>
int main()
{
    FILE *fp;//定义文件指针

    if((fp=fopen("D:\\exp801.txt", "w"))==NULL){//以写方式打开文件
        printf("File open error!\n");
        exit(0);
    }
    fprintf(fp, "%s", "Hello World! ");//写文件

    if(fclose(fp)){//关闭文件
```

```
        printf("Can not close the file!\n");
        exit(0);
    }
    return 0;
}
```

【例 7-2】 打开和关闭文件，从命令行输入要打开的文件名。

```
#include <stdio.h>
#include <stdlib.h>
int main(int argc, char *argv[])
{
    FILE *fp;
    if(argc !=2) {
        printf("usage: open filename\n");
        exit(0);
    }
    if((fp=fopen(argv[1], "r"))==NULL) {
        printf("%s can't be opened\n", argv[1]);
        exit(0);
    }
    printf("%s can be opened\n", argv[1]);
    fclose(fp);
    return 0;
}
```

7.3   文件的读/写

文件执行打开操作并正常执行后，就可以对文件进行读/写操作了。根据文件类型不同，文件读/写可以分为读/写文本文件和读/写二进制文件。

7.3.1   读/写文本文件

1. 字符读/写函数

（1）读字符函数

函数原型：

```
    int fgetc(FILE *steam);
```

函数调用形式：

```
    ch=fgetc(fp);
```

函数功能：从文件指针 fp 所指向的文件的当前位置读入一个字符。

函数返回值：若读字符成功，则返回所读字符；若失败，则返回 EOF。

【例 7-3】使用读字符函数从文件 D:\exp703.txt 中读取内容并显示在屏幕上。文档内容为："No pain, no gain."

```
#include <stdio.h>
#include <stdlib.h>
int main(void)
{
    FILE *fp;                                        //定义文件指针
    char ch;
    if((fp=fopen("D:\\exp703.txt", "r"))==NULL){//以读方式打开文件
        printf(" File open error!\n");
        exit(0);
    }

    while((ch=fgetc(fp))!=EOF){//当文件未到结尾时，从文件中读入字符
        putchar(ch);                                 //将读入的字符输出到屏幕上
        ch=fgetc(fp);
    }

    if(fclose(fp)){                                  //关闭文件
        printf("Can not close the file!\n");
        exit(0);
    }
    return 0;
}
```

（2）写字符函数

函数原型：

```
int fputc(int ch, FILE *steam);
```

函数调用形式：

```
fputc(ch,fp);
```

函数功能：把字符 ch 写到文件指针 fp 所指向的文件中。

函数返回值：若写文件成功，则返回值为所写字符；若写文件失败，则返回 EOF。

【例 7-4】 使用字符写函数向文件 D:\exp704.txt 中写入从键盘输入的字符。

打开 D 盘中的 exp704.txt 文件，如果该文件不存在，则新建一个。在文件中写入"Hello World!"，以 "#" 结束输入，然后关闭该文件。

```
#include <stdio.h>
#include <stdlib.h>
int main(void)
{
    FILE *fp;
    char ch;
    if((fp=fopen("D:\\exp704.txt", "w"))==NULL){//以写方式打开文件
        printf(" File open error!\n");
```

```
        exit(0);
    }

    ch=getchar();                              //从键盘读入字符
    while(ch!='#'){
        fputc(ch, fp);                         //将读入的字符写入文件中
        ch=getchar();
    }

    if(fclose(fp)){                            //关闭文件
        printf("Can not close the file!\n");
        exit(0);
    }
    return 0;
}
```

【例 7-5】 使用字符读/写函数实现文件复制，将文件 D:\exp704.txt 中的内容复制到新文件 E:\exp704-bak.txt 中。

```
#include <stdio.h>
#include <stdlib.h>
int main(void)
{
    FILE *fpSrc,*fpDst;
    char ch;
    if((fpSrc=fopen("D:\\exp704.txt", "r"))==NULL){//以读方式打开文件1
        printf(" File open error!\n");
        exit(0);
    }
    if((fpDst=fopen("E:\\exp704-bak.txt", "w"))==NULL){//以写方式打开文件2
        printf(" File open error!\n");
        exit(0);
    }
    while(!feof(fpSrc)){                        //当文件1未到达文件结尾时
        ch=fgetc(fpSrc);                        //从文件1中读字符赋值给ch
        if(ch!=EOF)                             //当未到文件结束符时
            fputc(ch, fpDst);                   //将字符写入文件2中
    }
    if(fclose(fpSrc)){
        printf("Can not close the file!\n");
        exit(0);
    }
}
```

```
        if(fclose(fpDst)) {
            printf("Can not close the file!\n");
            exit(0);
        }
        return 0;
    }
```

2. 字符串读/写函数

（1）读字符串函数

函数原型：

```
    char * fgets(char * str,int size,FILE * stream);
```

函数调用形式：

```
    fgets(str,n,fp);
```

函数功能：从文件指针 fp 所指向的文件的当前位置读入一个长度为 n-1 的字符串，存放到字符数组 str 中。当函数读取的字符达到指定的个数，或遇到换行符，或遇到 EOF 时，在读取的字符后面自动添加一个 '\0' 字符。

函数返回值：若读字符串成功，则返回 str；若失败，则返回空指针 NULL。

（2）写字符串函数

函数原型：

```
    int fputs(const char * str,FILE * stream);
```

函数调用形式：

```
    fputs(str,fp);
```

函数功能：将字符串 str 写入文件指针 fp 所指向的文件中。

函数返回值：若写字符串成功，则返回 0；若失败，则返回非 0 值。

【例 7-6】 使用字符串读/写函数实现文件复制，将文件 D:\exp704.txt 中的内容复制到新文件 E:\exp704-bak.txt 中。

```
    #include <stdio.h>
    #include <stdlib.h>
    int main()
    {
        FILE *fpSrc, *fpDst;
        char str[20];
        if((fpSrc=fopen("D:\\exp704.txt","r"))==NULL)      //以读方式打开文件1
        {
            printf("Can't open the file!\n");
            exit(0);
        }
        if((fpDst=fopen("D:\\exp704-bak.txt","w"))==NULL)//以写方式打开文件2
        {
            printf("Can't open the file!\n");
            exit(0);
```

```
        }
        while(fgets(str,10,fpSrc)!=NULL)              //当文件1未到达文件结尾
        {
            printf("%s",str);
            fputs(str,fpDst);
        }

        fclose(fpSrc);
        fclose(fpDst);
        return 0;
    }
```

【例 7-7】 将字符串"C 语言编程"、"文件系统"和"指针与结构体"，写入文件 D:\exp707.txt 中，然后再从该文件中读出，显示到屏幕上。

```
    #include <stdio.h>
    #include <stdlib.h>
    #include <string.h>
    int main(void)
    {
        FILE *fp;
        char a[ ][80]={"C 语言编程", "文件系统", "指针与结构体"}, str[80]="";
        int i;

        if((fp=fopen("D:\\exp707.txt","w"))==NULL){
            printf("File open error!\n");
            exit(0);
        }

        for(i=0;i < 3;i++)
            fputs(a[i], fp);

        fclose(fp);

        if((fp=fopen("D:\\exp707.txt","r"))==NULL){
            printf("File open error!\n");
            exit(0);
        }
        i=0;
        while(!feof(fp)){
            if(fgets(str, strlen(a[i++])+1, fp) !=NULL)
                puts(str);
```

```
    }

    fclose(fp);
    return 0;
}
```

3. 格式化读/写函数

在前面的学习中，我们学习了 printf()和 scanf()，它们的功能是向终端进行格式化的输入/输出。在文件处理中，格式化读/写函数是 fprintf()和 fscanf()，其作用与 printf()和 scanf()类似，区别在于 fprintf()和 fscanf()的读/写对象是磁盘文件，而 printf()和 scanf()的读/写对象是终端。

（1）格式化写函数

函数原型：

```
int fprintf(FILE *stream, const char *format, [address, …]);
```

函数调用形式：

```
fprintf(文件指针,格式字符串,输出列表);
```

函数功能：进行格式化写操作，将参数写入文件指针 fp 所指向的文件中。

函数返回值：若写成功，则返回写入的参数的个数；若失败，则返回 EOF。

【例 7-8】 将格式化数据写入文件中。

```
#include <stdio.h>
#include <stdlib.h>
int main(void)
{
    FILE* fp;
    int i=1005;
    double f=10.05;
    char s[]="this is a string";
    char c='\n';
    fp=fopen("D:\\exp708.txt", "w");
    fprintf(fp, "%s%c", s, c);
    fprintf(fp, "%d\n", i);
    fprintf(fp, "%f\n", f);
    fclose(fp);
    return 0;
}
```

（2）格式化读函数

函数原型：

```
int fscanf(FILE *stream, const char *format, [address, …]);
```

函数调用形式：

```
fscanf(文件指针,格式字符串,输入列表);
```

函数功能：对文件指针 fp 所指向的文件进行格式化读操作，遇到空格或换行符时结束。

函数返回值：若读成功，则返回读入的参数的个数；若失败，则返回 EOF。

【例 7-9】 格式化读/写函数。

```c
#include <stdio.h>
#include <stdlib.h>
int main()
{
    int i;
    float f;
    char str [80];FILE * fp;
    fp=fopen("D:\\exp709.txt","w+");
    fprintf(fp, "%f %s %d", 3.14159, "PI", 10000);
    rewind(fp);
    fscanf(fp, "%f%s%d", &f, str, &i);
    fclose(fp);
    printf("I have read: %f %s and %d \n",f,str,i);
    return 0;
}
```

7.3.2 读/写二进制文件

以二进制方式向文件读/写数据是以数据块方式进行的。C 语言中使用 fread() 从文件中读取一个数据块到缓冲区中，使用 fwrite() 向文件中写入一个缓冲区的数据块。文件打开方式指定为二进制文件，就可以使用 fread() 和 fwrite() 读/写任何类型数据。

函数调用形式：

```c
fread(buffer, size, count, fp);
fwrite(buffer, size, count, fp);
```

参数说明：

buffer 是一个指针，对 fread() 来说，代表读入数据的存放地址；对 fwrite() 来说，代表输出数据的地址（指起始地址）。

size 是一个数据项的大小（单位为字节，即该数据项包含几字节）。这里需要说明的是，读/写函数 fread() 和 fwrite() 是按照数据项来进行读/写的，一次读或写一个数据项，而不是按照字节进行读/写的。数据项可以是一个 int 型数据、char 型数据、字符串、结构体等。要确定 size 的值可以使用 sizeof() 运算符。

count 是要进行读/写的数据项的个数。如果读/写一个包含 100 个数组元素的 int 型数组，则 size 应为 4（即每个 int 型数组元素占用 4 字节），而 count 应为 100（即该数组包含 100 个数组元素）。

fp 是文件指针。

例如，下列两行代码：

```c
char *str="hello,I am a test program!";
fwrite(str,sizeof(char),strlen(str),fp);
```

表示将字符串 str 写入文件指针 fp 所指向的文件中。

【例 7-10】 读/写二进制文件。

```c
#include <stdio.h>
#include <stdlib.h>
struct student
{
    char name[20];
    int age;
    float score;
};

int main()
{
    FILE *fp;
    int i;
    struct student stu[5];
    if((fp=fopen("D:\\exp710.dat","wb"))==NULL)
    {
        printf(" File open error!\n");
        exit(0);
    }

    for(i=0;i<5;i++)
        scanf("%s%d%f",stu[i].name,&stu[i].age,&stu[i].score);
    fwrite(stu,sizeof(struct student), 5,fp);
    fclose(fp);

    if((fp=fopen("D:\\exp710.dat","rb"))==NULL)
    {
        printf(" File open error!\n");
        exit(0);
    }

    fread(stu,sizeof(struct student),5,fp);

    for(i=0;i<5;i++)
    {
        printf("%s,%d,%f\n",stu[i].name,stu[i].age,stu[i].score);
    }

    fclose(fp);
```

```
        return 0;
    }
```

7.4 文件其他相关函数

7.4.1 文件定位函数

每个已打开的文件都有一个读/写位置，即文件指针指向的位置。当打开文件时通常其文件指针是指向文件开头的（当以追加模式打开已有的文件时，文件指针指向文件末尾）。当执行读/写操作时，读/写位置会随之推进，实现对文件的顺序访问。除顺序访问外，某些程序还具有对文件任意位置进行随机访问的需求，C 语言提供了定位函数支持对文件的随机访问。文件定位函数是对文件读/写位置进行控制的函数，允许程序确定当前的文件位置或者改变文件的位置。

常用文件定位函数如表 7-2 所示。

表 7-2　常用文件定位函数

函　　数	功　　能
feof()	判断文件指针是否到达文件末尾
rewind()	使文件指针指向读/写文件的首部
fseek()	改变文件指针的位置
ftell()	获取当前文件指针的位置

1．feof()

在进行文本文件的读/写时，可以通过文件读取的最后字符是否为文件结束符 EOF（-1）来判定是否达到文件末尾。因为任何字符的编码都不是-1，所以当读取到 EOF 时，就可以判定已到达文件末尾。例如：

```
        while((c=fgetc(fp))!=EOF)
```

对于二进制文件，不能通过 EOF 来检测文件尾，因为二进制流中的字节可能包含-1 这样的值，所以需要用 feof()来进行检测。当然该函数也可以用于文本文件。

函数原型：

```
        int feof(FILE *stream);
```

函数调用形式：

```
        feof(fp);
```

函数功能：判断文件指针 fp 是否已经到文件末尾。

函数返回值：如果文件指针已达到文件末尾，则返回非 0 值，否则返回 0。

【例 7-11】　feof()应用。

```
        #include<stdio.h>
        #include <stdlib.h>
        int main(void)
        {
            FILE *fp;
```

```
    if((fp=fopen("D:\\exp711.txt", "r"))==NULL){
        printf("File open error!\n");
        exit(0);
    }

    fgetc(fp);
    if(feof(fp))
        printf("We have reached the end of file\n");
    else
        printf("We have not reached the end of file\n");

    fclose(fp);
    return 0;
}
```

2. rewind()

函数原型:

```
    void rewind(FILE *stream);
```

函数调用形式:

```
    rewind(fp);
```

函数功能:定位文件指针到文件头,即打开文件时文件指针所指向的位置。

【例 7-12】 rewind()应用。

```
    #include <stdio.h>
    #include <stdlib.h>
    int main(void)
    {
        FILE *fp;
        int data1, data2;

        data1=5;
        data2=-16;

        if((fp=fopen("rewind.out", "w+"))==NULL){
            printf("File open error!\n");
            exit(0);
        }

        fprintf(fp, "%d %d", data1, data2);
        printf("The values written are: %d and %d\n", data1, data2);
        rewind(fp);
```

```
    fscanf(fp, "%d %d", &data1, &data2);
    printf("The values read are: %d and %d\n", data1, data2);
    fclose(fp);

    return 0;
}
```

3．fseek()

函数原型：

```
    int fseek(FILE *stream, long offset, int fromwhere);
```

函数调用形式：

```
    fseek(fp, offset, from);
```

参数说明：

fp 为文件指针。

offset 为移动偏移量。

from 为起始位置，其参数值见表 7-3。

表 7-3　fseek()的 from 参数值

from 起始位置	值	常　　量
文件头	0	SEEK_SET
文件当前位置	1	SEEK_CUR
文件尾	2	SEEK_END

函数功能：用来控制指针移动，将文件指针（fp）从起始位置（from）开始移动若干字节（offset）。

返回值：成功返回 0，失败返回-1。

例如：

```
    fseek(fp, 20L, 0);           //将文件指针移动到离文件头 20 字节处
    fseek(fp, -20L, SEEK_END);   //将文件位置指针移动到文件尾前 20 字节处
```

【例 7-13】　fseek()应用。

```
    #include<stdio.h>
    #define N 5
    typedef struct student{
        long sno;
        char name[10];
        float score[3];
    }STU;

    void fun(char*filename,STU n)
    {
        FILE*fp;
        fp=fopen(filename,"rb+");
```

```c
    fseek(fp,-1L*sizeof(STU),SEEK_END);
    fwrite(&n,sizeof(STU),1,fp);
    fclose(fp);
}

int main()
{
    STU t[N]={
        {10001,"MaChao",91,92,77},
        {10002,"CaoKai",75,60,88},
        {10003,"LiSi",85,70,78},
        {10004,"FangFang",90,82,87},
        {10005,"ZhangSan",95,80,88}
    };
    STU n={10006,"ZhaoSi",55,70,68},ss[N];
    int i,j;
    FILE*fp;

    fp=fopen("student.dat","wb");
    fwrite(t,sizeof(STU),N,fp);
    fclose(fp);
    fp=fopen("student.dat","rb");
    fread(ss,sizeof(STU),N,fp);
    fclose(fp);
    printf("\nThe original data:\n");

    for(j=0;j<N;j++)
    {
        printf("\nNo:%-8ldName:%-12sScores:",ss[j].sno,ss[j].name);
        for(i=0;i<3;i++)
            printf("%6.2f",ss[j].score[i]);
    }

    fun("student.dat",n);
    printf("\n\nThe data after modifying:\n");

    fp=fopen("student.dat","rb");
    fread(ss,sizeof(STU),N,fp);
    fclose(fp);
```

```
      for(j=0;j<N;j++)
      {
          printf("\nNo:%-8ldName:%-12sScores:",ss[j].sno,ss[j].name);
          for(i=0;i<3;i++)
           printf("%6.2f",ss[j].score[i]);
      }
      return 0;
   }
```

4. ftell()

函数原型：

```
   long ftell(FILE *stream);
```

函数调用形式：

```
   ftell(文件指针);
```

函数功能：获取当前文件指针的位置，即相对于文件头的位移量（字节数）。使用 fseek()
后，再调用 ftell()，就能够确定文件的当前位置。

函数返回值：若成功，则返回相对于文件头的位移量（字节数）；若出错，则返回-1L。

例如：

```
   fseek(fp, 0L,SEEK_END);//将文件的当前位置移到文件的末尾

   len=ftell(fp);//获得当前位置相对于文件头的位移量，该位移量等于文件所含字节数
```

【例 7-14】 ftell()应用。

```
   #include <stdio.h>
   long filesize(FILE *stream);

   int main(void)
   {
      FILE *fp;

      fp=fopen("MYFILE.TXT", "w+");
      fprintf(fp, "This is a test");
      printf("Filesize of MYFILE.TXT is %ld bytes/n", filesize(fp));
      fclose(fp);
      return 0;
   }

   long filesize(FILE *stream)
   {
      long curpos, length;
      curpos=ftell(stream);
      fseek(stream, 0L, SEEK_END);
      length=ftell(stream);
```

```
        fseek(stream, curpos, SEEK_SET);
        return length;
    }
```

7.4.2 错误检测函数

1. ferror()

函数原型：

```
    int ferror(FILE *stream);
```

函数调用形式：

```
    ferror(文件指针);
```

函数功能：用来检查文件在使用各种输入/输出函数进行读/写操作时是否出错。在调用各种输入/输出函数时，如果出现错误，除函数返回值的报错信息外，还可以用 ferror()进行检查。

函数返回值：若返回值为 0，则表示未出错；若返回非 0 值，则表示有错。

在使用 ferror()函数时，对同一个文件每次调用输入/输出函数，均产生一个新的 ferror()值，因此，应当在调用一个输入/输出函数后立即检查 ferror()的值，否则信息会丢失。在执行 fopen()函数时，ferror()函数的初值会自动置为 0。

2. clearerr()

函数原型：

```
    void clearerr(FILE *stream);
```

函数调用形式：

```
    clearerr(文件指针);
```

函数功能：用来清除文件出错标志和文件结束符，使它们为 0。在调用一个输入/输出函数出现错误时，ferror()值为一个非 0 值。一般应立即调用 clearerr()函数，使 ferror()的值为 0，以便进行下一次的检测。

【例 7-15】 ferror()与 clearerr()应用。

```
    #include <stdio.h>
    int main(void)
    {
        FILE *stream;
        stream=fopen("errortest", "w");
        fgetc(stream);

        if(ferror(stream))
        {
            printf("Error reading from the file\n");
            clearerr(stream);
        }
        fclose(stream);
        return 0;
    }
```

7.4.3 文件管理函数

文件管理函数允许程序执行基本的文件管理操作,如 remove()和 rename()。与其他大多数函数不同的是,文件管理函数对文件名而不是文件指针进行处理。

1. 文件重命名

函数原型:

```
int rename(char *oldname, char *newname);
```

函数调用形式:

```
rename(旧文件名,新文件名);
```

函数功能:对一个文件进行重命名,分为以下两种情况。

● 如果 newname 指定的文件存在,则该文件被删除。

● 如果 newname 与 oldname 不在同一个目录下,则相当于移动文件。

函数返回值:若成功,则返回 0;若出现错误,则返回-1。

【例 7-16】 rename()应用。

首先定义两个数组用于存储用户指定的文件名,接着使用 gets()接收用户输入的文件名,再使用 rename()进行修改。如果成功,则返回值为 0,提示修改成功。

```c
#include <stdio.h>
int main(void)
{
  char oldname[80], newname[80];

  printf("File to rename: ");
  gets(oldname);
  printf("New name: ");
  gets(newname);
  if(rename(oldname, newname)==0)
    printf("Renamed %s to %s.\n", oldname, newname);
  else
    printf("Rename file error! \n");
  return 0;
}
```

2. 删除文件

函数原型:

```
int remove(char * filename);
```

函数调用形式:

```
remove(文件名);
```

函数功能:删除指定的文件(可以包含目录)。

函数返回值:若成功,则返回 0。若出现错误,则返回-1,并设置 errno。

【例 7-17】 remove()应用。

首先声明用于保存文件名的字符数组,从控制台获取文件名,然后删除该文件,并根据删除结果输出相应的提示信息。

```c
#include<stdio.h>
int main()
{
    char filename[80];
    printf("The file to delete:");
    gets(filename);
    if(remove(filename)==0)
        printf("Removed %s.", filename);
    else
        printf("Remove file error! \n");

    return 0;
}
```

7.5　小结

1）文件是指一组相关数据的有序集合，根据数据的组成形式，文件分为文本文件和二进制文件。文件包括顺序文件和随机文件。顺序文件是指按照数据流的先后顺序对文件进行操作的文件。随机文件中的文件指针可以根据需要移动到指定位置，可以读/写文件中任意位置上的字符。

2）C 语言提供了多种对文件读/写的函数：字符读/写函数 fgetc()和 fputc()，字符串读/写函数 fgets()和 fputs()，数据块读/写函数 fread()和 fwrite()，格式化读/写函数 fscanf()和 fprintf()。

综合练习题

1. 将文件中每行字符反序输出到另一个文件中。

【问题描述】

对于一个文本文件 text1.txt，编写一个程序，将该文件中的每行字符颠倒顺序后输出到另一个文件 text2.txt 中。

【输入文件】

输入文件为当前目录下的 text1.txt，该文件中含有多行字符，也可能有空行。每行最长不超过 80 个字符。在最后一行的结尾也有一个回车符。

【输出文件】

输出文件为当前目录下的文件 text2.txt。

【样例输入】

设输入文件 text1.txt 内容为：

```
This is a test!
Hello, world!
How are you?
```

【样例输出】

输出文件 text2.txt 内容为：

!tset a si sihT

!dlrow ,olleH

?uoy era woH

2．单词排序。

【问题描述】

编写一个程序，从一个文件中读入单词（以空格分隔的字符串），并对单词进行排序，删除重复出现的单词，然后将结果输出到另一个文件中。

【输入形式】

从一个文件 sort.in 中读入单词。

【输出形式】

对单词进行排序，删除重复出现的单词，然后将结果输出到文件 sort.out 中。

【输入样例】

设输入文件 sort.in 内容为：

　　rrr　sss　aaa　bbb　ccc　　ddf　aaa　dd

【输出样例】

输出文件 sort.out 内容为：

　　aaa　bbb　ccc　dd　ddf　rrr　sss

【样例说明】

读入文件 sort.in 中的内容，做适当的排序，并删除重复出现的单词，结果输出到文件 sort.out 中。